豆浆养生

主编 陈志田

江西科学技术出版社

图书在版编目（CIP）数据

养生豆浆 / 陈志田主编. -- 南昌：江西科学技术出版社，2014.4（2024.8重印）

ISBN 978-7-5390-5029-4

Ⅰ.①养… Ⅱ.①陈… Ⅲ.①豆制食品—饮料—制作②豆制食品—饮料—食物养生 Ⅳ.①TS214.2②R247.1

中国版本图书馆CIP数据核字（2014）第045675号

养生豆浆
YANGSHENG DOUJIANG

陈志田　主编

出版 发行	江西科学技术出版社
社址	南昌市蓼洲街2号附1号 邮编：330009　电话：（0791）86623491　86639342（传真）
印刷	三河市泰丰印刷装订有限公司
经销	各地新华书店
开本	787mm×1092mm　1/16
字数	220千字
印张	12
版次	2014年4月第1版
印次	2024年8月第2次印刷
书号	ISBN 978-7-5390-5029-4
定价	49.00元

国际互联网（Internet）地址：http://www.jxkjcbs.com

选题序号：KX2014026　　赣版权登字：-03-2014-82

责任编辑：周楚倩　　装帧设计：春浅浅

版权所有　侵权必究

（赣科版图书凡属印装错误，可向承印厂调换）

目录 CONTENTS

Part 1 喝豆浆前,您得先了解以下知识

◎ 豆浆的营养成分及功效

大豆卵磷脂 / 010

矿物质 / 010

大豆低聚糖 / 010

大豆异黄酮 / 011

大豆皂苷 / 011

大豆蛋白质 / 011

大豆不饱和脂肪酸 / 011

◎ 饮用豆浆的注意事项

豆浆中不能冲入鸡蛋 / 012

做豆浆最好先泡豆 / 012

豆浆并非人人皆宜饮用 / 012

不要空腹饮豆浆 / 013

不要饮未煮熟的豆浆 / 013

豆浆中最好不要加入红糖 / 013

不要用豆浆代替牛奶喂婴儿 / 013

豆浆不能与药物同饮 / 013

◎ 豆浆的养生功效

健脑益智 / 014

促进儿童生长发育 / 014

美肤养颜 / 014

改善女性更年期症状 / 015

解酒补肝 / 015

补肾益精 / 015

改善心脑血管 / 016

促进钙的吸收 / 016

增强老年人的抵抗力 / 016

维护肠道健康 / 016

Part 2 全家人都能喝的养生豆浆

◎ 增强免疫力豆浆

五色滋补豆浆 / 018

菊花雪梨豆浆 / 019

糙米花生豆浆 / 020

薏米百合豆浆 / 021

黄金米豆浆 / 021

八宝豆浆 / 022

风味杏仁豆浆 / 023

补虚饴糖豆浆 / 023

◎ 养肝豆浆

山药枸杞豆浆 / 024

花生豆浆 / 025

板栗燕麦豆浆 / 026

干果豆浆 / 027

芝麻黑米豆浆 / 028

目录 CONTENTS

红枣枸杞豆浆 / 029

◎ 健脾豆浆

百合莲子二豆浆 / 030
清口龙井豆浆 / 031
红绿二豆浆 / 031
薄荷大米二豆浆 / 032
高粱红枣豆浆 / 033
板栗豆浆 / 034
红薯山药豆浆 / 034
桂圆山药豆浆 / 035

◎ 养心豆浆

小麦豆浆 / 036
竹叶米豆浆 / 037
花生百合莲子浆 / 038
宁心百合红豆豆浆 / 038
百合莲子绿豆豆浆 / 039
红枣五豆浆 / 040
莲枣红豆浆 / 041

◎ 润肺豆浆

温补杏仁豆浆 / 042
金银花豆浆 / 043
补肺大米豆浆 / 044
雪梨豆浆 / 045
山药豆浆 / 045

◎ 补肾豆浆

二黑豆浆 / 046
黑米豆浆 / 047
补肾黑芝麻豆浆 / 048

杏仁坚果黑豆豆浆 / 049
小米豌豆豆浆 / 050
麦米豆浆 / 050
枸杞蚕豆豆浆 / 051

◎ 养胃豆浆

清爽开胃豆浆 / 052
香草豆浆 / 053
助消化高粱豆浆 / 054
开胃五谷酸奶豆浆 / 055
小米红豆豆浆 / 055

◎ 补钙豆浆

高钙豆浆 / 056
海带无花果绿豆豆浆 / 057
牛奶芝麻豆浆 / 057
板栗小米豆浆 / 058
红枣大麦豆浆 / 058
黄豆豆浆 / 059

◎ 健脑豆浆

蜂蜜核桃豆浆 / 060
核桃豆浆 / 061
黑红绿豆浆 / 062
红枣绿豆浆 / 062
五谷豆浆 / 063
核桃大米豆浆 / 064
健脑豆浆 / 065

◎ 清热去火豆浆

消暑三豆浆 / 066
清凉冰豆浆 / 067

绿豆豆浆 / 068
蒲公英小米绿豆豆浆 / 069
西瓜豆浆 / 069

◎ 祛湿豆浆

荞麦薏米豆浆 / 070
草莓豆浆 / 071
薏米红绿豆浆 / 072
玉米小米豆浆 / 072
山药薏米豆浆 / 073

◎ 减脂豆浆

山楂红豆豆浆 / 074
花粉木瓜薏米豆浆 / 075
山楂枸杞红豆豆浆 / 076
燕麦糙米豆浆 / 077
海带豆浆 / 077

◎ 排毒豆浆

红薯绿豆豆浆 / 078
绿茶二豆浆 / 079
解毒胡萝卜豆浆 / 080
百合菊花绿豆豆浆 / 080
苦瓜绿豆豆浆 / 081
红枣绿豆豆浆 / 082

CONTENTS 目录

Part 3 女人养生豆浆

◎ 美胸豆浆

橘柚豆浆 / 084
葡萄干酸豆浆 / 085
木瓜豆浆 / 086
葡萄豆浆 / 086
火龙果豆浆 / 087

◎ 子宫护理豆浆

山楂大米豆浆 / 088
百合小米豆浆 / 089
玫瑰油菜豆浆 / 089
大米莲藕豆浆 / 090
慈姑桃子小米豆浆 / 091

◎ 补血豆浆

桂圆红豆豆浆 / 092
小米红枣豆浆 / 093
红豆豆浆 / 094
红枣豆浆 / 095
红枣花生豆浆 / 095
桂圆红枣豆浆 / 096
薏米红枣豆浆 / 097

◎ 补气豆浆

人参紫米红豆豆浆 / 098
小米绿豆豆浆 / 099
红枣糯米豆浆 / 100
桂圆山药豆浆 / 100
山药大米豆浆 / 101
山药二豆豆浆 / 102
百合红豆豆浆 / 103

◎ 美白豆浆

黄瓜雪梨豆浆 / 104
苹果水蜜桃豆浆 / 105
杂果豆浆 / 106
雪梨猕猴桃豆浆 / 106
椰汁豆浆 / 107

◎ 润肤豆浆

苹果柠檬豆浆 / 108
养颜燕麦核桃豆浆 / 109
红枣米润豆浆 / 109
美颜杂花豆浆 / 110
红枣养颜豆浆 / 111

◎ 护发乌发豆浆

芝麻蜂蜜豆浆 / 112
黑芝麻花生豆浆 / 113
黑豆豆浆 / 114
乌发黑芝麻豆浆 / 115
芝麻花生黑豆豆浆 / 115

◎ 淡斑豆浆

哈密瓜豆浆 / 116
茉莉绿茶豆浆 / 117
菊花枸杞豆浆 / 117

菊花绿豆豆浆 / 118
怡情绿茶豆浆 / 118
玫瑰薏米豆浆 / 119

◎ 祛痘豆浆

荷叶豆浆 / 120
西芹芦笋豆浆 / 121
玉米苹果豆浆 / 121
芹枣豆浆 / 122
芦笋绿豆豆浆 / 123

◎ 抗衰老豆浆

红枣绿豆豆浆 / 124
小麦核桃红枣豆浆 / 125
山楂糙米浆 / 126
牛奶开心果豆浆 / 126
菠萝豆浆 / 127
马蹄黑豆豆浆 / 128

目录 CONTENTS

Part 4 男人养生豆浆

◎ 保护前列腺豆浆
杏仁榛子豆浆 / 130
红薯芝麻豆浆 / 131
百合莲子银耳豆浆 / 131
银耳黑豆豆浆 / 132
花生绿豆豆浆 / 133
猕猴桃豆浆 / 133

◎ 提高性欲豆浆
小米豆浆 / 134
小麦玉米豆浆 / 135
虾皮紫菜豆浆 / 136
青葱燕麦豆浆 / 136
芦笋山药豆浆 / 137

◎ 缓解早泄豆浆
核桃黑芝麻豆浆 / 138
白萝卜豆浆 / 139
枸杞黑芝麻豆浆 / 139

玉米葡萄豆浆 / 140
冰糖白果豆浆 / 141

◎ 提高精子质量豆浆
杏仁豆浆 / 142
山药板栗豆浆 / 143
胡萝卜黑豆豆浆 / 144
杏仁大米豆浆 / 145

◎ 缓解尿频豆浆
腰果小米豆浆 / 146
苹果豆浆 / 147
甘润莲香豆浆 / 148
荞麦枸杞豆浆 / 149
香草黑豆豆浆 / 149

◎ 缓解痔疮豆浆
土豆豆浆 / 150
猕猴桃橙子豆浆 / 151
白萝卜冬瓜豆浆 / 152

香桃豆浆 / 153

◎ 解酒护肝豆浆
燕麦豆浆 / 154
香橙豆浆 / 155
山楂银耳豆浆 / 156
南瓜豆浆 / 156
松花蛋黑米豆浆 / 157

◎ 抗疲劳豆浆
玉米红豆豆浆 / 158
芋头豆浆 / 159
金橘红豆豆浆 / 159
百合绿红豆浆 / 160
雪梨大米黑豆豆浆 / 161
桂圆莲子豆浆 / 162
桂圆红枣黑豆豆浆 / 162

CONTENTS 目录

Part 5　特殊人群养生豆浆

◎ **孕妇宜喝豆浆**

香蕉豆浆 / 164
小米豌豆豆浆 / 165
糯米香豆浆 / 165
百合银耳黑豆豆浆 / 166
玉米银耳枸杞豆浆 / 167

◎ **产妇宜喝豆浆**

红枣红豆豆浆 / 168
红薯山药豆浆 / 169
糯米豆浆 / 169
枸杞豆浆 / 170
燕麦苹果豆浆 / 170
红薯豆浆 / 171
薏米豆浆 / 172
玉米桂圆豆浆 / 173

苹果牛奶豆浆 / 173

◎ **青少年宜喝豆浆**

滋养杞米豆浆 / 174
解腻马蹄黑豆豆浆 / 175
香蕉桃子豆浆 / 176
玉米核桃红豆豆浆 / 176
胡萝卜豆浆 / 177
南瓜二豆浆 / 178
核桃雪梨绿豆豆浆 / 179
香蕉百合豆浆 / 179
燕麦芝麻豆浆 / 180
核桃燕麦豆浆 / 181

◎ **老年人宜喝豆浆**

红枣二豆浆 / 182
黄芪大米豆浆 / 183

巧克力豆浆 / 183
燕麦枸杞山药豆浆 / 184
大米二豆浆 / 185
养生干果豆浆 / 186
绿黑二豆浆 / 187
红薯南瓜豆浆 / 187

◎ **更年期养生豆浆**

豌豆豆浆 / 188
桂圆糯米豆浆 / 189
莲藕豆浆 / 190
燕麦红枣豆浆 / 191
板栗燕麦豆浆 / 191
营养燕麦紫薯豆浆 / 192

Part 1

喝豆浆前，您得先了解以下知识

在制作和饮用豆浆之前，需要对豆浆有一个初步的认知，比如了解各种豆浆的养生功效，所用原料的分类常识以及各种豆类的选购和制作流程。只有全面地掌握各类豆浆的基本常识，懂得根据自身特质来科学地进行选购豆类，制作豆浆及饮用豆浆，才能发挥其最大的养生功效。本章将对这一系列问题做一个详细的解答，用心的读者必会发现其中的细节和奥妙之处，细细品味后便可正式开启美味养生豆浆的制作之旅。

豆浆的营养成分及功效

豆浆中含有大豆皂苷、大豆异黄酮、大豆低聚糖等具有保健功能的特殊保健因子。对高血压、高血脂、冠心病、糖尿病等疾病有一定的食疗保健作用。此外还有平补肝肾、防老抗癌、美容润肤、增强免疫等功效，因此豆浆被科学家称为"心脑血管保健液"和"血管清道夫"。

◎大豆卵磷脂

大豆卵磷脂能保护细胞膜、延缓衰老、降低血脂，预防动脉硬化、脂肪肝、肝硬化，强化大脑功能，健脑益智，还可以提高人体免疫功能，促进细菌感染后的恢复。大豆卵磷脂是生物膜的重要构成成分，参与了生命活动中的多种生理过程，对青少年儿童健脑益智、女性保养容颜、老年人养生保健有促进作用。

◎矿物质

大豆中含有丰富的矿物质，有钾、钠、钙、铁、镁等十多种。将大豆制作成豆浆后，能最大限度地保留这些矿物质，使其不被破坏。豆浆中的矿物质能有效防止人体骨质疏松，可以改善贫血，是骨质疏松及缺铁性贫血人群的良好选择，尤其适合青少年、妇女及老年人。

◎大豆低聚糖

大豆低聚糖是大豆中的可溶性碳水化合物，能使人体肠道排除毒素，抑制肠道致癌物形成；改善胃肠内微生物菌间平衡；促进肠道内双歧杆菌合成多种维生素，以利于人体吸收。此外，大豆低聚糖有助于防治口腔疾病，预防牙齿龋变。

◎ 大豆异黄酮

大豆异黄酮对骨质疏松症、更年期综合征、心脑血管病有预防作用。异黄酮多存在于豆类食品中，豆腐中的异黄酮在制作过程中随着浆水流失了，而豆浆中含量则较丰富。经专家比较研究证明，居民摄入豆制品及异黄酮的水平愈高，上述疾病的发病率就相对低一些。大豆异黄酮是一种结构与雌激素相似，具有雌激素活性的植物性雌激素，这种植物性雌激素，可以调节更年期妇女体内的激素水平，此外，还能减少骨钙丢失，能够缓解女性更年期综合征症状，延迟女性细胞衰老，使皮肤保持弹性，促进骨生成，降血脂等。

◎ 大豆皂苷

大豆皂苷是一种天然的生物活性物质，可降低血液中胆固醇含量，还能抗氧化，抑制肿瘤细胞生长，调节免疫功能。大豆皂苷对高血压、肥胖病有明显疗效，同时还能提高人体免疫力、抗炎、抗溃疡、抗过敏，而且还具有延缓衰老、延年益寿的作用。

◎ 大豆蛋白质

大豆蛋白质是组成人体细胞十分重要的物质。人体的代谢活动、生理功能、抗病能力及遗传信息传递等，均与蛋白质密切相关。大豆含有人体不能合成而必须从食物中摄取的8种氨基酸：赖氨酸、包氨酸、苯丙氨酸、亮氨酸、异亮氨酸、苏氨酸、蛋氨酸、缬氨酸。豆浆与牛奶、鸡蛋的蛋白质含量差不多，是植物中营养价值最高的食物。

◎ 大豆不饱和脂肪酸

大豆不饱和脂肪酸是人体必需的脂肪酸，具有防止胆固醇在血管沉积、防止动脉粥样硬化的作用。此外，豆浆中的不饱和脂肪酸有助于人体排出多余的垃圾，保证细胞的正常生长。

饮用豆浆的注意事项

豆浆含有丰富的植物蛋白,营养价值高,是防治高血脂、高血压、动脉硬化等疾病的理想食品,日益受到人们的青睐。生活中很多人误以为喝了豆浆就能保健康,其实不然。下面介绍一些饮用豆浆的相关常识,告诉大家怎样喝豆浆才健康。

豆浆中不能冲入鸡蛋 → 在豆浆中冲入鸡蛋是一种错误的做法,因为鸡蛋中的蛋清会与豆浆里的胰蛋白结合,产生不易被人体吸收的物质。

做豆浆最好先泡豆 → 大豆外层是一层不能被人体消化吸收的粗纤维,它妨碍了大豆蛋白被人体吸收利用。做豆浆前先浸泡大豆,可使其外层软化,再经粉碎、过滤、充分加热后,可相对提高大豆营养的消化吸收率。另外,因为豆皮上附有一层脏物,若不经浸泡很难彻底洗干净。用干豆做出的豆浆在浓度、营养吸收率、口感、香味等方面都比不上用泡豆做出的豆浆。因此,做豆浆前最好先泡豆,这样做既可提高粉碎效果和出浆率,又卫生健康。

豆浆并非人人皆宜饮用 → 由于豆浆是由大豆制成的,而大豆中嘌呤的含量很高,且属于寒性食物,因此,消化不良、嗳气和肾功能不好的人,最好少喝豆浆。另外,豆浆在酶的作用下能产气,所以腹胀、腹泻的人最好别喝豆浆。另外,急性胃炎和慢性浅表性胃炎者不宜食用豆制品,以免刺激胃酸分泌过多而加重病情或者引起胃肠胀气。

不要空腹饮豆浆

很多人喜欢空腹喝豆浆，其实这是错误的做法。如果空腹喝豆浆，豆浆里的蛋白质大都会在人体内转化为热量而被消耗掉，不能充分起到补益作用。因此，饮豆浆的同时吃些面包、糕点、馒头等淀粉类食品，可使豆浆中的蛋白质在淀粉的作用下，与胃液较充分地发生酶解，使营养物质充分被吸收。

不要饮未煮熟的豆浆

生豆浆里含有皂素、胰蛋白酶抑制物等有害物质，如果豆浆未煮熟就饮用，可能会引起中毒。因此，豆浆不但要煮开，而且在煮豆浆时还要敞开锅盖，这样能使豆浆里的大部分有害物质随着水蒸气挥发掉。

豆浆中最好不要加入红糖

豆浆里最好不要加红糖，因为红糖里有机酸较多，能与豆浆里的蛋白质和钙质结合产生变性物及醋酸钙、乳酸钙块状物，不容易被人体吸收，而白糖就不会有这种现象。

不要用豆浆代替牛奶喂婴儿

豆浆与牛奶的蛋白质含量差不多，铁质是牛奶的5倍，而脂肪不及牛奶的30%，钙质只有牛奶的20%，磷质约为牛奶的25%，所以不宜用它直接代替牛奶喂养婴儿。

豆浆不能与药物同饮

喝豆浆时，最好不要与红霉素等抗生素一起服用，因为两者会发生拮抗化学反应，而且喝豆浆与服用抗生素的间隔时间最好在1小时以上。此外，长期饮用豆浆的人不要忘记补充微量元素锌。因为豆类中含有抑制剂、皂角素和外源凝集素，这些都是对人体不好的物质，多增加微量元素锌有利于人体健康。

豆浆的养生功效

豆浆具有神奇的保健功效，对各个年龄段的人群都适宜，对老年人有养生保健的功效，对女性有美肤养颜的作用，对青少年儿童有健脑益智的功效。

● 健脑益智

豆浆富含蛋白质、维生素、钙、锌等物质，尤其是卵磷脂、维生素E含量高，可以改善大脑的供血供氧，提高大脑记忆和思维能力。青少年常喝豆浆，可补充因学习紧张而严重消耗的营养物质，增强记忆力。

● 促进儿童生长发育

黄豆中含有较多的维生素和矿物质，其中以胡萝卜素、维生素B_1、维生素B_2和钙、磷、铁、钠等的含量最为丰富。这些物质对于维持机体的正常功能和儿童的生长发育有重要作用。

● 美肤养颜

豆浆含有一种牛奶所没有的植物雌激素——异黄酮，该物质有调节女性内分泌的功能，每天喝上300～500毫升的鲜豆浆，可改善女性心态和身体素质，使女性皮肤细白光洁、富有弹性，从而达到养颜美容的目的。

● 改善女性更年期症状

在妇女绝经前后，容易出现潮热、夜汗、情绪波动大、疲劳、晕眩、焦虑、心悸失眠、骨质疏松等症状，这被称为更年期综合征，主要是由于雌激素和孕激素的减少造成的。豆浆含有一种非常有益的植物雌激素——大豆异黄酮，可起到减轻妇女更年期综合征症状的作用，且没有副作用。对于更年期妇女来说，长期饮用豆浆可补充女性日益减少的雌激素，减轻更年期综合征带来的痛苦。

● 解酒补肝

经专业人士研究证实，豆浆在缓解男性压力、缓解疲劳、解酒、补肝等方面有不错的食疗功效，所以男性群体可以通过有针对性地饮用各类豆浆来快速解酒和补肝护肝，以最大程度地保护身心的健康。

● 补肾益精

养生专家认为，豆浆是纯天然绿色的补肾益精佳品，是男性远离肾脏问题的"养生医生"，长期饮用能很好地预防和改善肾脏受损引发的一系列问题。

● 改善心脑血管

　　心脑血管疾病被称为"人类健康的第一杀手"。常饮鲜豆浆有助于维持人体正常的营养平衡，并且能全面调节内分泌系统，分解多余脂肪，降低血压、血脂，减轻心血管负担，增加心脏活力，优化血液循环，保护心血管，所以科学家称豆浆为"心血管保健液"。

● 促进钙的吸收

　　豆浆中钙的含量较多，多喝豆浆是防止骨质疏松症、强壮骨骼的有效措施，特别是对中老年朋友来说，在日常饮食中，每天增加一杯豆浆，能有效改善钙吸收，使身体更硬朗。

● 增强老年人的抵抗力

　　豆浆不含胆固醇，而蛋白质的含量可以与牛奶媲美，并且是极易被人体吸收的优质植物蛋白。此外，豆浆含有的丰富赖氨酸，更利于提高植物蛋白的营养价值。老年人每天饮用一杯豆浆，对平补肝肾、强化大脑、增强免疫功能有很好效果。

● 维护肠道健康

　　豆浆含有丰富的膳食纤维。膳食纤维能够促进肠道蠕动，预防和缓解便秘问题。同时，它有助于维持肠道内的菌群平衡，促进有益菌的生长，抑制有害菌的繁殖，从而维护肠道健康。

Part 2

全家人都能喝的养生豆浆

　　豆浆是养生的健康饮品，每天一碗豆浆，滋养全家人。经专业人士研究发现，人们通过饮用豆浆可以高效地吸收其九成的营养成分。豆浆中丰富的植物蛋白、磷脂、维生素、铁、钙等营养物质，可满足家庭成员的养生需求，长期饮用可起到防治骨质疏松、补肾强身、健脑益智、促进发育、增强免疫力的功效。本章将做一个细致科学的家庭豆浆介绍，读者耐心研读之后，便可亲手制作出适合全家人的养生豆浆。

增强免疫力豆浆

五色滋补豆浆

强健筋骨、增强体质

【材料】

黄豆35克，绿豆、黑豆、红豆、薏米各20克

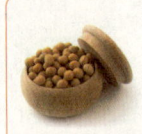

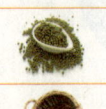

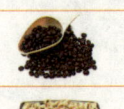

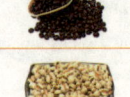

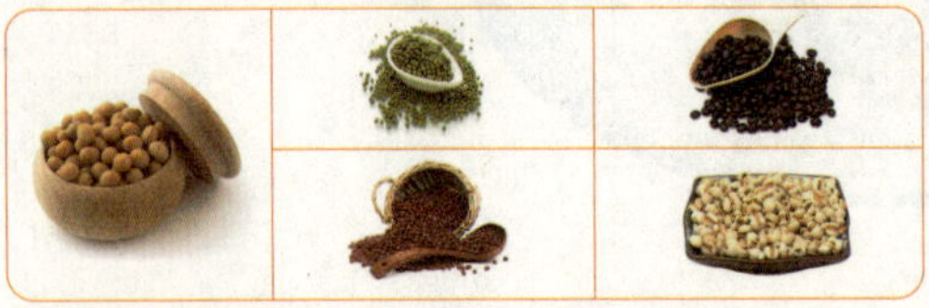

【做法】

①黄豆、绿豆、黑豆、红豆泡软，捞出洗净；薏米洗净，浸泡。

②将所有原材料放入豆浆机中，加水搅打成豆浆，煮沸后滤出豆浆即可。

养生功效

黑豆富含蛋白质。红豆富含维生素B_1、维生素B_2。这款豆浆有活血、利水、解毒、抗衰、乌发的作用，经常饮用还有增强免疫力的效果。

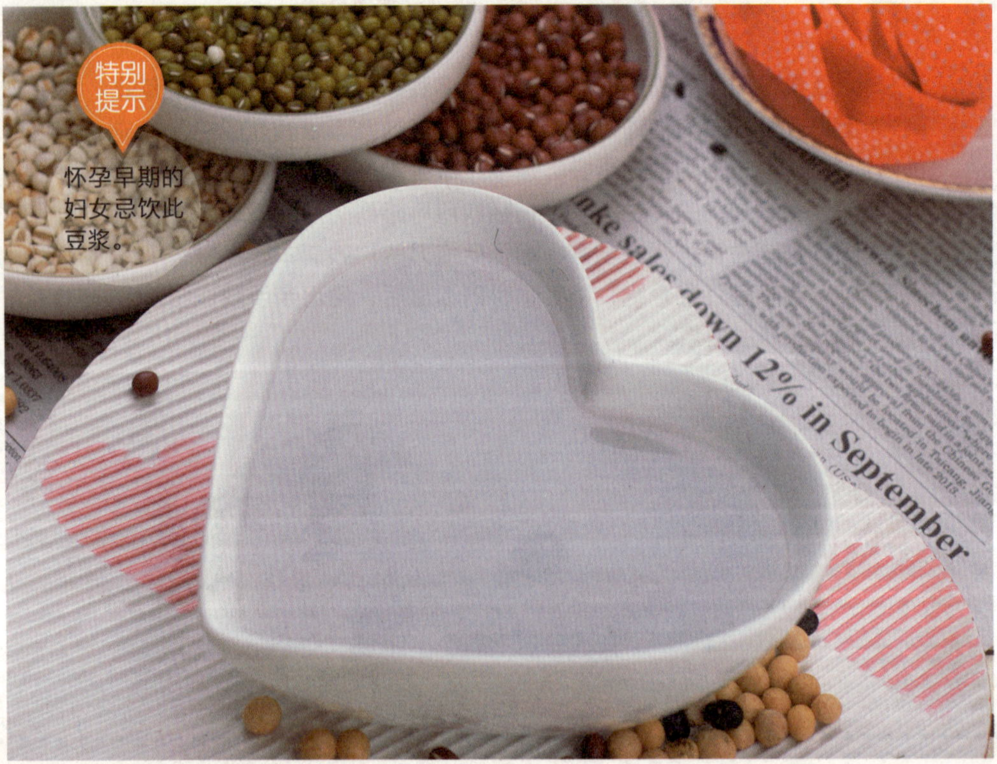
特别提示
怀孕早期的妇女忌饮此豆浆。
sales down 12% in September

菊花雪梨豆浆

维持机体的健康、强健身体

【材料】

黄豆50克，菊花10克，雪梨20克

【做法】

①黄豆泡软，捞出洗净；菊花浸泡；雪梨洗净，去皮去核切块。

②将所有原材料放入豆浆机中，加水搅打成豆浆，煮沸后滤出豆浆即可。

养生功效

　　雪梨含苹果酸、柠檬酸、胡萝卜素及多种维生素。菊花含有黄酮类、菊色素。这款豆浆具有生津润燥、降低血压、强健身体的作用。

特别提示

梨性寒，脾胃虚寒者不宜多食。

糙米花生豆浆

补血养胃、提高机体抗病能力

【材料】

黄豆40克，花生30克，白糖适量，糙米25克

【做法】

① 糙米淘洗干净，泡好；花生剥壳留仁，略加冲洗，沥干；黄豆泡软，捞出洗净。

② 将上述材料放入豆浆机内，加水搅打成浆，煮沸后滤出豆浆，加少许白糖调味即可。

养生功效

花生含有丰富的碳水化合物、脂肪、蛋白质。糙米富含膳食纤维。两者搭配制成豆浆，有助于增强记忆力、提高机体抗病能力、延缓衰老、促进消化。

特别提示：加入花生的豆浆一定要彻底煮熟。

薏米百合豆浆

补虚、增强免疫力

【材料】
黄豆70克，薏米、干百合各20克，白糖适量

【做法】
① 黄豆泡发，捞出洗净；薏米、干百合分别洗净，浸泡。
② 将黄豆、薏米、百合放入豆浆机中，加水搅打成豆浆，煮沸后滤出豆浆，加入白糖拌匀即可。

养生功效

此款豆浆加入百合、薏米，有助于健脾益胃、清热解毒、增强免疫力。

黄金米豆浆

提高机体免疫力、暖心养胃

【材料】
黄金米、黄豆各50克

【做法】
① 黄豆泡软，捞出洗净；黄金米洗净，泡软。
② 将所有原材料放入豆浆机中，加水搅打成豆浆，煮沸后滤出豆浆即可。

养生功效

黄金米口感糯软，易于消化，其维生素A的含量丰富。黄豆含有较多的烟酸。经常饮用此款豆浆，有助于增强免疫力、促进排泄、改善食欲。

八宝豆浆

强健筋骨、增强机体免疫功能

【材料】

黄豆50克,红豆40克,核桃仁1个,芝麻5克,莲子3粒,花生、薏米、百合、冰糖各适量

【做法】

①黄豆、红豆、莲子、薏米、百合、花生仁泡软,捞出洗净;核桃仁洗净。
②将上述材料放入豆浆机中,加水搅打成豆浆,煮沸后滤出豆浆,加入适量冰糖拌匀即可。

养生功效

黄豆含有大豆卵磷脂、大豆甾醇。莲子富含蛋白质、生物碱。这款豆浆有助于增强机体免疫功能、保肝护肾、防癌抗癌。

特别提示

哺乳期妇女适合饮用此豆浆。

风味杏仁豆浆

强身壮骨、提高机体的抗病能力

【材料】
黄豆50克,杏仁20克

【做法】
①黄豆泡软,捞出洗净;杏仁去皮,洗净。
②将所有原材料放入豆浆机中,加水搅打成豆浆,煮沸后滤出豆浆即可。

养生功效

杏仁含有丰富的黄酮类和多酚类成分。黄豆富含优质蛋白质。这款豆浆有助于降低人体内胆固醇的含量,提高机体的抗病能力。

补虚饴糖豆浆

补虚、增强机体免疫力

【材料】
黄豆100克,饴糖50克

【做法】
①黄豆泡软,捞出洗净。
②将黄豆放入豆浆机中,加水搅打成豆浆,煮沸后滤出豆浆,加入饴糖拌匀即可。

养生功效

饴糖富含麦芽糖、B族维生素、铁。黄豆含有较多的胡萝卜素、钙等。这款豆浆有助于增强免疫力、养颜、补脾益气、润肺止咳、改善便秘。

养肝豆浆

山药枸杞豆浆

养肝明目、保护肝脏

【材料】

枸杞10克,山药、黄豆各70克

【做法】

①黄豆泡软,捞出洗净;山药去皮,洗净切块,泡在清水里;枸杞洗净。

②将上述材料放入豆浆机中,加水搅打成豆浆,煮沸后滤出豆浆即可。

养生功效

山药含有较多的淀粉酶、多酚氧化酶。枸杞富含胡萝卜素和多种维生素。饮用这款豆浆,有助于保肝护肝、润泽肌肤。

特别提示:感冒发烧的人不宜多饮用此豆浆。

花生豆浆

活血、滋肝明目

【材料】
黄豆50克,花生仁35克

【做法】
1. 黄豆泡软,捞出洗净;花生仁洗净。
2. 将上述材料放入豆浆机中,加水搅打成豆浆,煮沸后滤出豆浆即可。

养生功效

花生富含碳水化合物和多种维生素。黄豆富含蛋白质、钙。这款豆浆有助于提高记忆力、滋肝明目、预防骨质疏松。

特别提示

榨豆浆时,花生仁最好去掉红衣。

板栗燕麦豆浆

保肝护肾、祛寒健体

【材料】

黄豆50克,板栗25克,燕麦片15克,白糖适量

【做法】

①黄豆泡软,捞出洗净;板栗去壳,洗净切小块。

②将黄豆、板栗、燕麦片放入豆浆机中,加水搅打成豆浆,煮沸后滤出豆浆,调入适量白糖即可。

养生功效

燕麦含有较多的可溶性纤维。板栗含有丰富的淀粉、蛋白质、维生素。燕麦、板栗、黄豆这三种食材混合制作出来的豆浆有养肝护肝功效。

1

2

3

特别提示

燕麦不宜给婴儿食用。

干果豆浆

提神健脑、滋养肝肾

【材料】

黄豆40克，榛子仁20克，松子仁、开心果各15克，牛奶20克

【做法】

① 黄豆泡软，捞出洗净；开心果去壳碾碎；榛子仁、松子仁碾碎。

② 将上述材料放入豆浆机中，加水搅打成豆浆，煮沸后滤出豆浆，加入牛奶调匀即可。

养生功效

开心果含有B族维生素、钙、铁。牛奶富含优质蛋白质。这款豆浆能够起到滋养肝肾、提高食欲、补血养气的作用。

特别提示

胆功能欠佳者慎饮此款豆浆。

芝麻黑米豆浆

开胃益中、保肝益肾

【材料】

黄豆60克，黑米20克，黑芝麻、白糖各适量

【做法】

① 黄豆、黑米分别泡发，捞出洗净；黑芝麻洗净，沥干水分后擀碎。

② 将黄豆、黑米、黑芝麻放入豆浆机中，加水搅打成豆浆，煮沸后滤出豆浆，加入白糖即可。

养生功效

黑米含有丰富的矿物质、维生素C。黑芝麻含有较多的维生素E、铁。经常饮用这款豆浆，能滋补肝脏、乌发、预防贫血。

1

2

3

特别提示

将黑芝麻擀碎，能让豆浆更细腻。

红枣枸杞豆浆

养肝护肝、明目

【材料】
黄豆45克，红枣15克，枸杞10克

【做法】
① 黄豆泡软，捞出洗净；红枣洗净去核；枸杞洗净备用。
② 将上述材料放入豆浆机内，加水搅打成豆浆，煮沸后滤出豆浆即可。

养生功效

红枣含有丰富的维生素C、蛋白质、糖类。枸杞含有较多的胡萝卜素。这款豆浆有着不错的养肝护肝、预防癌症、淡化雀斑的功效。

特别提示

红枣洗净后最好浸泡10分钟左右。

健脾豆浆

百合莲子二豆浆

清热滋阴、健脾胃

【材料】

红豆、绿豆各30克,百合、莲子各适量

【做法】

①红豆、绿豆泡软,捞出洗净;莲子泡软,去心洗净;百合洗净,分成小片。
②将上述材料放入豆浆机中,加水搅打成豆浆,煮沸后滤出豆浆即可。

养生功效

百合含有特殊物质秋水仙碱。绿豆富含蛋白质、磷脂、膳食纤维。常喝这类豆浆能促进新陈代谢,健脾开胃。

特别提示

一定要将莲子心去除。

清口龙井豆浆

消食去腻、健脾养胃

【材料】
黄豆70克，龙井茶5克

【做法】
①黄豆泡软，捞出洗净；龙井茶泡好备用。
②将黄豆放入豆浆机中，加水搅打成豆浆，煮沸后滤出豆浆，加入龙井茶汤调匀即可。

养生功效
龙井茶含有较多的茶多酚、叶绿素、氨基酸，这款豆浆可以清肺止咳、美容养颜、健脾胃。

红绿二豆浆

健脾养胃、安心养神

【材料】
红豆、绿豆各40克

【做法】
①红豆、绿豆泡软，捞出洗净。
②将红豆、绿豆放入豆浆机中，加水搅打成豆浆，煮沸后滤出豆浆，装杯即可。

养生功效
绿豆的蛋白质含量较高，这款豆浆有清热解毒、健脾、养胃、养颜的功效。

薄荷大米二豆浆

提神醒脑、清补脾胃

【材料】

黄豆40克，绿豆30克，大米10克，薄荷叶、冰糖各适量

【做法】

①黄豆、绿豆泡软，捞出洗净；大米淘洗干净，加水泡3小时；薄荷叶洗净。

②将上述材料放入豆浆机中，加水搅打成豆浆，煮沸后滤出豆浆，加入冰糖调匀即可。

养生功效

薄荷叶含有薄荷油、薄荷醇等成分。绿豆含有维生素、膳食纤维。常喝此款豆浆，有助于增进食欲、健脾祛湿、美容养颜。

特别提示：新鲜薄荷叶忌久煮。

高粱红枣豆浆

和胃健脾、促消化

【材料】
黄豆45克，高粱、红枣各15克，蜂蜜适量

【做法】
① 黄豆、高粱分别泡软，捞出洗净；红枣洗净去核，切碎。
② 将上述材料放入豆浆机中，加水搅打成豆浆，煮沸后滤出豆浆，待温热时加入蜂蜜，搅拌均匀即可。

养生功效

高粱含有膳食纤维、维生素。红枣富含蛋白质、膳食纤维、维生素。这款豆浆有助于健脾、促消化。

特别提示
糖尿病患者禁饮此款豆浆。

板栗豆浆

健脾胃、益气

【材料】
板栗仁100克，水发黄豆80克，白糖适量

【做法】
①洗净的板栗仁切小块；水发黄豆洗净。
②把黄豆、板栗仁倒入豆浆机，加水搅打成豆浆，煮沸后滤出豆浆，加入适量的白糖即可。

养生功效

板栗有健脾胃、益气、补肾、强心的功效，板栗还富含膳食纤维，老少皆宜。

红薯山药豆浆

健脾胃、补中益气

【材料】
水发黄豆、红薯各40克，山药30克，大米、小米各20克，燕麦片、白糖各适量

【做法】
①水发黄豆、大米、小米洗净；山药、红薯分别去皮洗净，切丁。
②将上述材料、燕麦片放入豆浆机中，加水搅打成豆浆，煮沸后滤出豆浆，加入适量白糖搅匀即可。

养生功效

红薯可以补虚，健脾开胃。山药有健脾胃、补中益气等作用。两者同食，有很好的健脾胃功效。

桂圆山药豆浆

有效缓解脾胃不适

特别提示：桂圆性热，孕妇要少饮此豆浆。

【材料】

桂圆15克，山药60克，去核的红枣10克，水发黄豆40克，白糖适量

【做法】

① 黄豆、桂圆、红枣分别洗净；山药去皮洗净，切丁。

② 将上述材料放入豆浆机中，加水搅打成豆浆，煮沸后滤出豆浆，依据个人口味加入少许白糖搅匀即可。

养生功效

桂圆有益气血、健脾胃的功效。山药能补中益气、健脾胃。两者同食，可以有效缓解脾胃不适症状。

养心豆浆

小麦豆浆

改善心血不足

【材料】
红豆50克，小麦40克

【做法】
①红豆泡软，捞出洗净；小麦淘洗干净，浸泡2小时。
②将红豆、小麦放入豆浆机中，加水搅打成豆浆，煮沸后滤出豆浆，即可饮用。

养生功效

小麦含有碳水化合物、蛋白质、膳食纤维、维生素E及多种矿物质。红豆可提供蛋白质、维生素A、维生素E。这款豆浆有助于健脾生津、祛湿、养心润肺。

特别提示

此豆浆不能与蜂蜜搭配饮用。

竹叶米豆浆

清心除烦、去春燥

【材料】

黄豆60克,大米10克,竹叶3克

【做法】

① 黄豆泡软,捞出洗净;大米淘洗净,浸泡1小时;竹叶洗净,用开水泡成竹叶茶。

② 将黄豆、大米放入豆浆机中,加水搅打成豆浆,煮沸后滤出豆浆,加入竹叶茶调匀即可。

养生功效

竹叶含有黄酮、酚酮、氨基酸等成分。大米含有丰富的蛋白质、维生素。这款豆浆可益精强志、养心安神、止渴、止泻。

特别提示

此款豆浆可把水换为竹叶茶。

花生百合莲子浆

清热养心、除肺燥

【材料】

花生仁50克,百合、莲子、银耳各10克,冰糖适量

【做法】

①银耳泡软,洗净,分成小朵;莲子泡软,去心洗净;百合洗净;花生仁洗净。
②将上述材料放入豆浆机中,加水搅打成豆浆,煮沸后滤出豆浆,加适量冰糖调味即可。

养生功效

花生富含膳食纤维、维生素E。百合含有镁、磷、铁等。常饮此豆浆可养心安神、润肺止咳。

宁心百合红豆豆浆

养心安神、润肺

【材料】

红豆70克,百合10克,白糖适量

【做法】

①红豆泡软,捞出洗净;百合洗净,分成小片。
②将红豆和百合放入豆浆机中,加水搅打成豆浆,煮沸后滤出豆浆,加入白糖调匀即可。

养生功效

红豆富含蛋白质、糖类、B族维生素等成分。百合含有淀粉、烟酸、锌等成分。此款豆浆可起到养心护心、润肺止咳之功效。

百合莲子绿豆豆浆

清热降压、镇定心神

【材料】

绿豆60克，莲子、百合各10克，白糖适量

【做法】

① 绿豆泡软，捞出洗净；莲子泡软去心，洗净；百合洗净，分成小片。
② 将上述材料放入豆浆机中，加水搅打成豆浆，煮沸后滤出豆浆，加入适量白糖调匀即可。

养生功效

莲子含有丰富的磷。百合含有秋水仙碱、铁等成分。这款豆浆能促进机体的新陈代谢、养心安神、除烦去燥、补血养颜。

特别提示

可用干百合泡发后做豆浆。

红枣五豆浆

养血活血、养护心肌

【材料】

黄豆35克，黑豆、青豆、豌豆、花生豆各10克，红枣适量

【做法】

① 五豆泡软，捞出洗净；红枣洗净去核，切成小块。
② 将所有原材料放入豆浆机中，加水搅打成豆浆，煮沸后滤出豆浆，装杯即可。

养生功效

青豆富含不饱和脂肪酸和大豆磷脂。豌豆含有蛋白质、碳水化合物、膳食纤维及多种矿物质和维生素。这款豆浆能润燥消水、养血活血、养护心肌。

特别提示

红枣也可以直接用红枣片代替。

莲枣红豆豆浆

养护心肌、改善失眠

【材料】
红豆40克,莲子20克,红枣10克,白糖适量

【做法】
① 红豆泡软,捞出洗净;莲子泡软,洗净去心;红枣加温水泡发,洗净,去核切小块。
② 将上述材料放入豆浆机中,加水搅打成豆浆,煮沸后滤出豆浆,加入适量白糖调匀即可。

养生功效

莲子富含钙、磷、钾等成分。红枣含有较多的B族维生素、维生素C。经常饮用此款豆浆,有较好的养心润肺、补虚益气、改善失眠的功效。

特别提示

此豆浆可加入黑芝麻。

润肺豆浆

温补杏仁豆浆

润肺止咳、抗衰老

【材料】

黄豆50克，杏仁50克

【做法】

① 黄豆泡软，捞出洗净；杏仁去皮，洗净。
② 将所有原材料放入豆浆机中，加水搅打成豆浆，煮沸后滤出豆浆即可。

养生功效

黄豆营养丰富，含有蛋白质、胡萝卜素、烟酸等。杏仁含有维生素B_1、维生素B_2。常喝此款豆浆能起到温补养颜、润肺止咳的功效。

特别提示

脾虚肠滑者不宜饮此款豆浆。

金银花豆浆

生津止渴、润肺

【材料】

黄豆60克,金银花15克,冰糖少许

【做法】

①黄豆泡软,捞出洗净;金银花洗净。

②将黄豆、金银花放入豆浆机中,加水搅打成豆浆,煮沸后滤出豆浆,趁热加入冰糖拌匀即可。

养生功效

黄豆含有蛋白质、脂肪、碳水化合物、胡萝卜素、烟酸、大豆卵磷脂、大豆皂苷等成分。金银花既能宣散风热,还善清解血毒。这款豆浆有清热去火、解毒、增强免疫力、润肺的功效。

特别提示

脾胃虚寒及气虚者忌食。

补肺大米豆浆

避免秋燥、改善咳嗽

【材料】

黄豆40克，大米30克，冰糖适量

【做法】

① 黄豆泡软，捞出洗净；大米淘洗干净。
② 将黄豆、大米放入豆浆机中，加水搅打成豆浆，煮沸后滤出豆浆，加入冰糖调匀即可饮用。

养生功效

大米含有蛋白质、膳食纤维、维生素等。黄豆含有胡萝卜素、烟酸等。这款豆浆适合大多数人饮用，具有补肺、益气、滋阴的功效。

1

2

3

特别提示

患有消化性溃疡者不能饮用。

雪梨豆浆

润肺清燥、止咳

【材料】
雪梨1个，黄豆60克，白糖5克

【做法】
① 雪梨洗净去皮去核，切成小碎丁；黄豆泡软，捞出洗净。
② 将上述材料放入豆浆机中，加水搅打成豆浆，煮沸后滤出豆浆，趁热加入白糖拌匀即可饮用。

养生功效

雪梨有很好的润肺功效。黄豆含有丰富的蛋白质、钙、铁等成分。经常饮用这款豆浆可补血养气、健胃消食、润肺清燥。

山药豆浆

滋润肺脏、益肺气

【材料】
黄豆45克，山药30克，白糖适量

【做法】
① 黄豆泡软，捞出洗净；山药洗净去皮，切成小块。
② 将黄豆、山药放入豆浆机中，加水搅打成豆浆，煮沸后滤出豆浆，加入白糖拌匀即可。

养生功效

山药含有大量的黏液蛋白、维生素、皂苷，有润滑、滋润的作用。此豆浆有滋润肺脏、益肺气的功效。

补肾豆浆

二黑豆浆

补肾强身、活血利水

【材料】

黑豆60克，黑芝麻、花生、白糖各适量

【做法】

①黑豆泡软，捞出洗净；黑芝麻洗净，碾碎；花生去壳取仁，洗净。
②将黑豆、黑芝麻、花生仁、白糖放入豆浆机中，加水搅打成豆浆，煮沸后滤出豆浆，加入白糖拌匀即可。

养生功效

黑豆含有多种人体所需的营养成分，其中蛋白质含量高，居豆类之首。此款豆浆有补肾强身、活血利水、解毒的功效，较适合肾虚者饮用。

特别提示

泡发后掉色的黑豆不宜食用。

黑米豆浆

改善肾虚症状

【材料】
黄豆30克,黑豆、黑米各20克,蜂蜜适量

【做法】
①黄豆、黑豆泡软,捞出洗净;黑米淘洗干净,泡软。
②将上述材料放入豆浆机中,加水搅打成豆浆,煮沸后滤出豆浆,待豆浆温热后放入蜂蜜搅匀即可。

特别提示
蜂蜜要等豆浆温热后再放入。

养生功效
黄豆和黑豆均含有丰富的优质蛋白质及多种微量元素,这款豆浆有降低血压、滋补肾脏的作用。

补肾黑芝麻豆浆

补肾、乌发

【材料】

黑芝麻、花生仁各15克,黑豆40克

【做法】

① 黑豆泡软,捞出洗净;黑芝麻洗净碾碎;花生仁洗净。

② 将上述材料放入豆浆机中,加水搅打成豆浆,煮沸后滤出豆浆即可。

养生功效

黑芝麻含有优质蛋白质、维生素、膳食纤维以及多种微量元素。花生含有较多的钾、磷、镁等成分。此款豆浆有补肾、乌发、预防贫血的作用。

特别提示

常饮此豆浆还能乌发养颜。

杏仁坚果黑豆豆浆

补肾益精、乌发美容

【材料】

杏仁15克,黑豆30克,黄豆30克,核桃粉15克,白糖适量

【做法】

① 杏仁略泡,捞出洗净;黑豆、黄豆分别泡软,捞出洗净。

② 将杏仁、黑豆放入豆浆机中,加少许水搅打成浓稠的豆浆,煮沸后滤出豆浆,放入核桃粉,加少许白糖,搅匀即可。

【养生功效】

黑豆所含的异黄酮,具有类似雌激素的作用,经常食用有补肾益精和乌发美容的功效。

【特别提示】

杏仁以色泽棕黄、颗粒均匀为佳。

小米豌豆豆浆

增进食欲、补肾健脾

【材料】
豌豆40克，小米30克

【做法】
①豌豆泡软，捞出洗净；小米淘洗干净，浸泡2小时。
②将豌豆和小米放入豆浆机中，加水搅打成豆浆，煮沸后滤出豆浆即可。

养生功效

豌豆含有丰富的蛋白质、维生素、胡萝卜素等营养成分。小米含有膳食纤维、核黄素等。此款豆浆有增进食欲、补肾健脾的功效。

麦米豆浆

增强免疫力、补益肾气

【材料】
黄豆50克，小麦、大米各20克

【做法】
①黄豆泡软，捞出洗净；小麦、大米分别淘洗干净，浸泡2小时。
②将上述材料放入豆浆机中，加水搅打成豆浆，煮沸后滤出豆浆，装杯即可。

养生功效

经常饮用此款豆浆可增强免疫力、降低血脂、健脑、补益肾气。

枸杞蚕豆豆浆

健脾利湿、保肝护肾

【材料】

枸杞10克，蚕豆、黄豆各30克，白糖适量

【做法】

①蚕豆略泡，去皮洗净；黄豆泡软，捞出洗净；枸杞洗净。

②将上述材料放入豆浆机中，加水搅打成豆浆，煮沸后滤出豆浆，加白糖搅拌至溶化即可。

养生功效

枸杞具有保肝补肾的作用，能抑制脂肪在肝细胞内沉积，并促进肝细胞的新生。制作豆浆时加入枸杞，可补益肝脏。

特别提示

蚕豆过敏者不可饮用此豆浆。

养胃豆浆

清爽开胃豆浆
健脾宽中、养胃

【材料】
黄豆65克,山楂10克,白糖少许

【做法】
①黄豆泡软,洗净,捞出待用;山楂洗净,去核。
②将黄豆、山楂放入豆浆机中,加水搅打成豆浆,煮沸后滤出豆浆,加入白糖拌匀。

养生功效

黄豆营养丰富,含有蛋白质、碳水化合物、钙、磷、铁、胡萝卜素等成分。白糖则含大量的碳水化合物。这款豆浆十分开胃,而且易于消化。

特别提示
常出现遗精的肾亏者不宜多食。

香草豆浆

增进食欲、开胃

【材料】
黄豆70克,香草15克,玫瑰花瓣少许

【做法】
①黄豆泡软,捞出洗净;香草、玫瑰花瓣分别洗净备用。
②将黄豆、香草放入豆浆机中,加水搅打成豆浆,煮沸后滤出豆浆,撒上玫瑰花瓣即可。

养生功效

香草含有芳香性挥发油,有增进食欲、开胃的功效。此豆浆加香草,还可以养胃。

特别提示

动脉硬化者不宜饮用此款豆浆。

助消化高粱豆浆

温中、益肠胃

【材料】

黄豆50克，高粱30克，白糖适量

【做法】

① 黄豆泡软，捞出洗净；高粱预先浸泡3小时。
② 将上述材料放入豆浆机中，加水搅打成豆浆，煮沸后滤出豆浆，加入适量白糖调匀即可。

养生功效

高粱含有蛋白质、糖类、钙、铁、磷、维生素B_2等营养成分。黄豆含有8种人体必需的氨基酸和天门冬氨酸、大豆卵磷脂等成分。这款豆浆有养胃、助消化、防治骨质疏松的功效。

特别提示

大便燥结及便秘者不宜饮用。

开胃五谷酸奶豆浆

消食健胃、促进吸收

【材料】

黄豆30克,大米、小米、小麦、玉米渣共30克,酸奶100毫升

【做法】

①黄豆泡软,捞出洗净;大米、小米、小麦、玉米渣均洗净。
②将上述材料放入豆浆机中,加水搅打成豆浆,煮沸后滤出豆浆,放凉后加酸奶搅拌均匀即可。

养生功效

多种谷物混合制作,让这款豆浆开胃消食、补血益气、延缓衰老的功效尤其显著。

小米红豆豆浆

健脾养胃、滋养容颜

【材料】

红豆50克,小米30克

【做法】

①红豆、小米分别泡软,捞出洗净,沥干。
②将红豆、小米放入豆浆机中,加水搅打成豆浆,煮沸后滤出豆浆,装杯即可。

养生功效

红豆含有较多的皂角苷。小米含有丰富的蛋白质、钙以及多种维生素。此款豆浆具有和胃调中、解毒的功效。

补钙豆浆

高钙豆浆

增强机体免疫力、补充钙质

【材料】

黑豆、大米各50克，黑木耳25克

【做法】

①干黑豆泡软，捞出洗净；大米洗净，泡软；干黑木耳泡发，洗净，撕成小朵。
②将所有原材料放入豆浆机中，加水搅打成豆浆，煮沸后滤出豆浆即可。

养生功效

黑豆、大米、黑木耳都含有一定量的钙质及多种微量元素。这款豆浆能延缓衰老、补充钙质、减缓动脉硬化。

特别提示：有出血性疾病的人不宜饮用。

海带无花果绿豆豆浆

补钙、促消化

【材料】
绿豆50克,海带20克,无花果20克,冰糖适量

【做法】
①绿豆泡软,捞出洗净;海带洗净,切碎;无花果洗净。
②将上述材料放入豆浆机中,加水搅打成豆浆,煮沸后滤出豆浆,加冰糖拌匀即可。

养生功效

海带富含钙、碘等成分。无花果也含有较多的钙质。此款豆浆有补钙、促消化的功效。

牛奶芝麻豆浆

增进骨骼的钙化

【材料】
黄豆70克,黑芝麻15克,牛奶适量

【做法】
①黄豆泡软,捞出洗净;黑芝麻洗净备用。
②将黄豆、黑芝麻放入豆浆机中,加水搅打成豆浆,煮沸后滤出豆浆,加少许牛奶调味即可。

养生功效

牛奶含有大量的钙质。芝麻含有较为丰富的蛋白质、钙、锌等成分。常喝这款豆浆可以补钙、增强记忆力、抑制癌细胞生长。

板栗小米豆浆 强身壮骨

【材料】
黄豆、板栗仁各40克，小米20克

【做法】
①黄豆泡软，捞出洗净；板栗仁洗净；小米淘洗干净。
②将上述材料放入豆浆机中，加水搅打成豆浆，煮沸后滤出即可。

养生功效

板栗含有较多的蛋白质、钙及多种维生素等营养成分。小米和黄豆也含有一定量的钙质。这款豆浆具有补钙、降低胆固醇、防治消化不良的功效。

红枣大麦豆浆 增强体质，强身壮骨

【材料】
黄豆、大麦各40克，红枣2颗

【做法】
①黄豆泡软，捞出洗净；大麦淘洗干净，泡软；红枣洗净，去核。
②将上述材料放入豆浆机中，加水搅打成豆浆，煮沸后滤出即可。

养生功效

大麦除了含有大量碳水化合物外，还含有一定量的钙、维生素等。红枣则含有丰富的维生素。这款豆浆具有开胃、补钙、美白嫩肤的功效。

黄豆豆浆

补钙、预防贫血

【材料】

黄豆75克，白糖适量

【做法】

①黄豆泡软，捞出洗净。
②将黄豆放入豆浆机中，加水搅打成豆浆，煮沸后滤出豆浆，加入白糖调匀即可。

养生功效

黄豆富含蛋白质、钙、铁、膳食纤维、大豆卵磷脂等成分。白糖含有丰富的碳水化合物。这款豆浆具有极好的补钙、预防贫血、减轻皱纹的功效。

1

2

3

特别提示

黄豆应充分浸泡。

健脑豆浆

蜂蜜核桃豆浆
强健筋骨、健脑益智

【材料】

核桃仁40克,黄豆60克,蜂蜜10克

【做法】

① 黄豆泡软,捞出洗净;核桃仁碾碎。
② 将黄豆、核桃仁放入豆浆机中,加水搅打成豆浆,煮沸后滤出豆浆,待温热时调入蜂蜜即可。

养生功效

蜂蜜富含钙、磷、钾及人体所需的多种氨基酸等营养成分。核桃则含较多的优质蛋白质、脂肪。此款豆浆可以强健筋骨、健脑益智、美容养颜。

特别提示

撕去核桃仁表面的薄皮会损失营养。

核桃豆浆

滋养脑细胞、健脑益智

【材料】
黄豆100克，核桃仁30克，白糖适量

【做法】
① 黄豆泡软，捞出洗净；核桃仁洗净。
② 将黄豆、核桃仁放入豆浆机中，加水搅打成豆浆，煮沸后滤出豆浆，加入白糖拌匀即可。

养生功效

黄豆含维生素B_1、维生素B_2、膳食纤维、钙、铁、磷。核桃富含B族维生素、维生素E。这款豆浆具有健脑益智、延缓衰老的功效。

特别提示：核桃吃多了容易上火。

黑红绿豆浆

提神健脑、增强免疫力

【材料】
黑豆、绿豆、红豆各30克,白糖适量

【做法】
①黑豆、绿豆、红豆分别泡软,捞出洗净。
②将上述材料放入豆浆机中,加水搅打成豆浆,煮沸后滤出豆浆,调入适量白糖即可。

养生功效

黑豆含有丰富的蛋白质、脂肪、烟酸及多种微量元素。这款豆浆有很好的补脑健脑、补血养颜的作用。

红枣绿豆豆浆

补气提神、健脑

【材料】
黄豆、绿豆、红枣各50克

【做法】
①黄豆、绿豆泡软,捞出洗净;红枣洗净,去核切碎。
②将黄豆、绿豆、红枣放入豆浆机中,加水搅打成豆浆,煮沸后滤出豆浆即可。

养生功效

红枣富含蛋白质、脂肪、糖类、胡萝卜素、维生素等成分,与绿豆搭配,能清热止咳,还有健脑、补气提神的作用。

五谷豆浆

促进大脑发育

【材料】

黄豆50克，玉米粒、小米、大米、小麦各10克

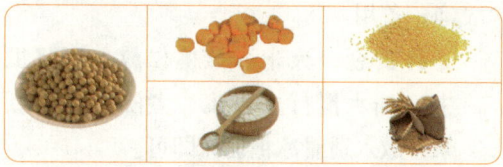

【做法】

① 黄豆泡软，捞出洗净；玉米粒、小米、大米、小麦分别淘洗干净，用水浸泡2小时。

② 将上述材料放入豆浆机中，加水搅打成豆浆，煮沸后滤出豆浆，装杯即可。

养生功效

玉米含有较多的碳水化合物、蛋白质、维生素、锌等营养成分。小麦含有较多的蛋白质、膳食纤维、维生素等成分。这款豆浆可健脑益智、补虚、滋润肌肤。

特别提示

身体燥热者不宜饮用此款豆浆。

核桃大米豆浆

养神、健脑益智

【材料】

黄豆、大米各30克,核桃仁10克,冰糖适量

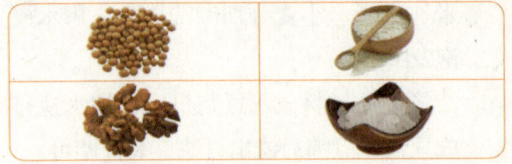

【做法】

① 黄豆泡软,捞出洗净;大米淘洗干净,备用。

② 将黄豆、大米、核桃仁放入豆浆机中,加水搅打成豆浆,煮沸后滤出豆浆,放入适量冰糖调味即可。

养生功效

核桃含有蛋白质、亚油酸、维生素E等成分。大米和黄豆均含有丰富的碳水化合物、钙、铁等成分。常喝此款豆浆可健脑益智、滋阴补肾、补血养神。

特别提示:核桃仁的褐色表皮不要去除。

健脑豆浆

改善脑循环、益智健脑

【材料】
黄豆55克,核桃仁10克,黑芝麻5克,冰糖适量

【做法】
① 黄豆泡软,捞出洗净;核桃仁碾碎;黑芝麻擀成末。
② 将黄豆、核桃仁、黑芝麻放入豆浆机中,加水搅打成豆浆,煮沸后滤出豆浆,加入冰糖搅拌至溶化即可。

养生功效

黑芝麻营养丰富,与黄豆、核桃仁搭配制成豆浆,有极好的补脑健脑、防治老年痴呆症的功效。

特别提示

核桃仁油腻滑肠,泄泻者慎食。

清热去火豆浆

消暑三豆浆

清热解毒、去火

【材料】

黄豆、红豆、黑豆各25克，冰糖5克

【做法】

①黄豆、红豆、黑豆泡软，捞出洗净。
②将上述材料放入豆浆机中，加水搅打成豆浆，煮沸后滤出豆浆，加冰糖拌匀。

养生功效

黄豆、红豆和黑豆均含有蛋白质、脂肪、碳水化合物、钙、磷、铁、烟酸等营养成分。常喝此款豆浆可以起到清热、降压、去火、提神的养生功效。

特别提示

可以加适量绿豆，清热效果更好。

清凉冰豆浆

清心解渴、去火除烦

【材料】

黄豆70克

【做法】

① 黄豆泡软,捞出洗净。
② 将黄豆放入豆浆机中,加水搅打成豆浆,煮沸后滤出豆浆,待凉,放入冰箱冷藏。

养生功效

黄豆营养价值很高,富含蛋白质及铁、镁、钼、锰、铜、锌、硒等营养成分。夏季适量饮用此款豆浆可以起到消暑清热、去火除烦的功效。

特别提示

可按照个人口味加入少许冰糖。

绿豆豆浆

清热解毒、去火除湿

【材料】

绿豆80克,白糖适量

【做法】

①绿豆泡软,捞出洗净。
②将绿豆放入豆浆机中,加水搅打成豆浆,煮沸后滤出豆浆,加入适量白糖调匀即可。

养生功效

绿豆含有蛋白质、糖类、膳食纤维、钙、铁、维生素等成分。研究认为,绿豆豆浆有清热解毒、去火除湿的功效。

1

2

3

特别提示

绿豆忌与鲤鱼、榧子、狗肉同食。

蒲公英小米绿豆豆浆

调气祛湿、清热解毒

【材料】
绿豆60克，小米、蒲公英各20克，蜂蜜10克

【做法】
①绿豆泡软，捞出洗净；小米洗净，浸泡2个小时；蒲公英煎汁，去渣留汁。
②将绿豆、小米放入豆浆机中，加蒲公英汁搅打成豆浆，煮沸后滤出豆浆，待豆浆温热时加入蜂蜜即可。

养生功效

豆浆中加入蒲公英，有着极佳的美白祛斑、清热去火、降压安神功效。

西瓜豆浆

清热解暑、降血压

【材料】
西瓜60克，黄豆50克，冰糖适量

【做法】
①西瓜去皮去籽，瓜瓤切碎丁；黄豆泡软，捞出洗净。
②将上述材料放入豆浆机中，加水搅打成豆浆，煮沸后滤出豆浆，趁热加入冰糖拌匀即可。

养生功效

西瓜富含葡萄糖、苹果酸、果糖、氨基酸、番茄红素及多种维生素。此款豆浆加入西瓜，有清热解暑、降血压的作用。

祛湿豆浆

荞麦薏米豆浆
祛湿健脾、利尿消肿

【材料】
黄豆60克，薏米25克，荞麦15克

【做法】
① 黄豆泡软，捞出洗净；薏米、荞麦淘洗干净，各浸泡2个小时。
② 将黄豆、薏米、荞麦放入豆浆机中，加水搅打成豆浆，煮沸后滤出豆浆即可。

养生功效

荞麦富含人体所需的多种营养素。薏米含有蛋白质、脂肪、烟酸、碳水化合物等成分。此款豆浆有祛湿、除烦、利尿消肿的功效。

特别提示

消化功能弱者不宜多饮此豆浆。

草莓豆浆

美容、祛湿、降火

【材料】
黄豆100克，草莓30克，冰糖适量

【做法】
1. 黄豆泡发，捞出洗净；草莓去蒂洗净，切块。
2. 将黄豆、草莓放入豆浆机中，加水搅打成豆浆，煮沸后滤出豆浆，加入冰糖拌匀即可。

特别提示

尿路结石病人不宜过多食用草莓。

养生功效

草莓含有果糖、蔗糖、柠檬酸、苹果酸、水杨酸、氨基酸、钙、磷、铁及多种维生素。黄豆含有蛋白质、脂肪、胡萝卜素。这款豆浆是美容、祛湿、降火的美味佳品。

薏米红绿豆浆

调气祛湿、清热解毒

【材料】
绿豆、红豆、薏米各30克

【做法】
① 薏米淘洗干净，泡软；绿豆、红豆泡软，捞出洗净。
② 将上述材料放入豆浆机中，加水搅打成豆浆，煮沸后滤出豆浆即可。

养生功效

红豆和绿豆均含有碳水化合物、蛋白质、膳食纤维、钾、磷、镁、钙及多种维生素等营养成分。这款豆浆有止渴利尿、解毒、祛湿、安神的作用。

玉米小米豆浆

祛湿、促进新陈代谢

【材料】
黄豆50克，玉米粒、小米各25克

【做法】
① 黄豆泡软，捞出洗净；玉米粒、小米分别洗净，小米用水浸泡2小时备用。
② 将上述材料放入豆浆机中，加水搅打成豆浆，煮沸后滤出豆浆即可。

养生功效

玉米含有较多的谷氨酸、亚油酸、B族维生素、钙等营养成分。小米含有丰富的蛋白质、脂肪和维生素。两者搭配，能祛湿、养胃、促进新陈代谢。

山药薏米豆浆

健脾胃、祛湿

【材料】

黄豆55克，薏米25克，山药30克

【做法】

①黄豆泡软，捞出洗净；薏米洗净，浸泡2个小时；山药去皮，洗净，切碎，泡在清水里。
②将黄豆、薏米、山药放入豆浆机中，加水搅打成豆浆，煮沸后滤出豆浆即可。

【养生功效】

山药含有蛋白质、膳食纤维、烟酸、维生素A、维生素C。黄豆含有大豆卵磷脂、可溶性纤维、胆碱。经常饮用此款豆浆可健脾胃、长志安神、祛湿。

特别提示

孕妇宜少食薏米，但产妇可以食用。

减脂豆浆

山楂红豆豆浆

排毒瘦身、减脂、润肤

【材料】

黄豆45克，红豆、山楂各20克

【做法】

①黄豆、红豆分别泡软，捞出洗净；山楂去核，洗净，切碎。

②将所有原材料放入豆浆机中，加水搅打成豆浆，煮沸后滤出豆浆即可。

养生功效

山楂含有丰富的碳水化合物、脂肪、蛋白质、有机酸、维生素C等成分。红豆含有胡萝卜素、膳食纤维等成分。此款豆浆具有开胃消食、减脂、润肤的功效。

特别提示：山楂易引发流产，孕妇不宜饮用。

花粉木瓜薏米豆浆

美白、减脂

【材料】
绿豆40克，木瓜50克，薏米、油菜花粉各20克

【做法】
① 绿豆、薏米泡软，捞出洗净；木瓜去皮，除籽，洗净，切丁。
② 将上述材料放入豆浆机中，加水搅打成豆浆，煮沸后滤出豆浆，待豆浆温热时加入油菜花粉调匀即可。

> **特别提示**
> 油菜花粉不宜在豆浆滚烫时加入。

> **养生功效**
> 豆浆中加入木瓜、绿豆、油菜花粉，有美白、减脂、瘦身、养气提神的作用。

山楂枸杞红豆豆浆

开胃消食、减脂

【材料】

枸杞10克，山楂20克，红豆45克，白糖适量

【做法】

① 山楂洗净，去核切小粒；枸杞用温水洗净；红豆泡软，洗净待用。

② 将山楂、枸杞、红豆放入豆浆机中，加水搅打成豆浆，煮沸后滤出豆浆，依据个人口味添加适量白糖即可。

养生功效

山楂具有健脾开胃、消食化滞、活血化瘀的功效，对于消除体内肉食积滞效果更好，因此有间接减脂的作用，与红豆一同食用，还可润肤养颜。

1

2

3

特别提示

孕妇不宜饮用此豆浆。

燕麦糙米豆浆

有助肠道排毒、减脂

【材料】
黄豆45克,燕麦片20克,糙米15克

【做法】
①黄豆、糙米泡软,捞出洗净。
②将黄豆、糙米放入豆浆机中,加水搅打成豆浆,煮沸后滤出豆浆,冲入燕麦片即可。

养生功效

燕麦含有极其丰富的亚油酸。糙米含有较多的蛋白质、碳水化合物、膳食纤维及多种微量元素。这款豆浆有防治贫血、减脂、预防肠癌的作用。

海带豆浆

排出体内毒素、减脂

【材料】
黄豆45克,水发海带30克,白糖适量

【做法】
①黄豆泡发,捞出洗净;海带洗净,切碎。
②将黄豆、海带放入豆浆机中,加水搅打成豆浆,煮沸后滤出豆浆,加入适量白糖调味即可。

养生功效

海带含有丰富的矿物质,如钙、钠、镁、钾、磷、铁、锌等。黄豆含有人体必需的8种氨基酸。这款豆浆有降低血压、利尿、减脂、化痰的作用。

排毒豆浆

红薯绿豆豆浆

排除体内废气、排毒

【材料】
黄豆45克，绿豆20克，红薯30克

【做法】
① 黄豆、绿豆泡软，捞出洗净；红薯去皮，洗净，切碎。
② 将所有原材料放入豆浆机中，加水搅打成豆浆，煮沸后滤出豆浆即可。

养生功效

红薯除含有丰富的蛋白质、膳食纤维等成分外，还含有生物类黄酮成分。绿豆含有丰富的矿物质和B族维生素。这款豆浆有滋补肝肾、排毒、防止便秘的功效。

特别提示

饮用此豆浆时不要吃柿子。

绿茶二豆浆

养心安神、排毒养颜

【材料】
黄豆、绿豆各25克,绿茶5克,冰糖15克

【做法】
① 黄豆、绿豆泡软,捞出洗净;绿茶用沸水泡成茶水,滤出茶渣。
② 将黄豆、绿豆放入豆浆机中,加水搅打成豆浆,煮沸后滤出豆浆,加入冰糖、绿茶调匀即可。

养生功效

绿茶含有蛋白质、B族维生素、维生素C、磷、钙、钾、钠等成分。黄豆、绿豆均能提供人体所需的蛋白质、膳食纤维等成分。此款豆浆可养心安神、排毒养颜。

特别提示:也可以用花茶代替绿茶制作豆浆。

解毒胡萝卜豆浆

清除体内积聚的毒素

【材料】
黄豆50克,胡萝卜30克,白糖适量

【做法】
①黄豆泡软,捞出洗净;胡萝卜去皮洗净,切碎。
②将胡萝卜、黄豆放入豆浆机中,加水搅打成豆浆,煮沸后滤出豆浆,加入白糖拌匀即可。

养生功效

胡萝卜含有丰富的碳水化合物、蛋白质、叶酸、膳食纤维及多种维生素。此款豆浆有健脾消食、排毒、降气止咳的功效。

百合菊花绿豆豆浆

清热活血、排毒

【材料】
绿豆40克,百合30克,菊花、冰糖各10克

【做法】
①绿豆泡软,捞出洗净;百合泡发,洗净,分瓣;菊花洗净浮尘,泡成菊花茶。
②将绿豆、百合放入豆浆机中,加水搅打成豆浆,煮沸后滤出豆浆,加入冰糖、菊花茶即可。

养生功效

菊花、百合搭配制作豆浆,可预防感冒,还有清热降火、排毒、降脂降压的功效。

苦瓜绿豆豆浆

清热解毒、祛湿

【材料】

绿豆60克，苦瓜40克

【做法】

① 绿豆泡软，捞出洗净；苦瓜洗净，去皮去瓤，切片。
② 将绿豆、苦瓜放入豆浆机中，加水搅打成豆浆，煮沸后滤出豆浆，即可饮用。

养生功效

苦瓜含有蛋白质、脂肪、糖类、膳食纤维、胡萝卜素及多种维生素等成分。绿豆和黄豆含有多种矿物质。这款豆浆有很好的解毒排毒、促进食欲、补气益精作用。

特别提示

苦瓜含有奎宁，孕妇忌饮用此豆浆。

红枣绿豆豆浆

健脾益胃、排毒养颜

【材料】

绿豆70克，红枣适量

【做法】

① 绿豆泡软，捞出洗净；红枣洗净，去核。
② 将绿豆、红枣放入豆浆机中，加水搅打成豆浆，煮沸后滤出豆浆即可。

养生功效

红枣富含多种维生素。绿豆含有较多的矿物质、蛋白质、膳食纤维、烟酸等成分。这款豆浆可缓解皮肤衰老症状，同时还能健脾益胃、排毒养颜。

特别提示

红枣一定要去核之后再制作豆浆。

Part 3

女人养生豆浆

　　喝豆浆是女人最佳的养生方式之一。豆浆的营养堪比牛奶，其某些营养成分甚至高于牛奶，比如豆浆中的铁元素是牛奶的四倍以上，这使得豆浆特别适合有贫血及气血不足等症状的女性饮用。此外，豆浆还含有丰富的植物蛋白、膳食纤维、维生素等成分。女性经常饮用，可起到诸多功效，如补血养气、美白润肤、抗衰老、美胸、瘦腰等。本章将为您一一介绍这些养生豆浆，让您和身边的女性都能挑选出适合自身的养生豆浆，轻松开启健康和美丽之门。

美胸豆浆

橘柚豆浆

降低胆固醇、美胸

【材料】
黄豆30克，橘子肉60克，柚子肉30克

【做法】
①黄豆泡软，捞出洗净。
②将所有原材料放入豆浆机中，加水搅打成豆浆，煮沸后滤出豆浆，装杯即可。

养生功效

橘子富含维生素C、柠檬酸等成分。柚子含有丰富的碳水化合物、维生素A、维生素C、膳食纤维及多种矿物质。这款豆浆有降低胆固醇、美胸、抗癌的功效。

特别提示：此豆浆不宜与药一起饮用。

葡萄干酸豆浆

美胸、塑形、嫩肤

【材料】
黄豆70克，葡萄干20克，柠檬1片

【做法】
①黄豆泡软，捞出洗净；葡萄干用温水洗净；柠檬取汁。
②将黄豆、葡萄干放入豆浆机中，加水搅打成豆浆，煮沸后滤出豆浆，加柠檬汁调匀即可。

养生功效

葡萄干含有多种矿物质和维生素、氨基酸。柠檬含有丰富的糖类、钙、磷、铁、维生素C、维生素B_1、维生素B_2等成分。此款豆浆有美胸、塑形、嫩肤、开胃的功效。

特别提示

可以根据个人爱好添加柠檬。

木瓜豆浆

丰胸、健脾消食

【材料】
黄豆80克,木瓜1个,白糖少许

【做法】
①黄豆泡软,捞出洗净;木瓜去皮去籽,洗净后切成小碎丁。
②将黄豆、木瓜放入豆浆机中,加水搅打成豆浆,煮沸后滤出豆浆,趁热加入白糖拌匀即可。

养生功效

木瓜含有番木瓜碱、木瓜蛋白酶、胡萝卜素及多种维生素等成分,有丰胸的功效。这款豆浆可以丰胸、健脾消食。

葡萄豆浆

滋养肌肤、美胸

【材料】
黄豆50克,葡萄40克,白糖5克

【做法】
①黄豆泡软,捞出洗净;葡萄洗净,去皮去籽。
②将上述材料放入豆浆机中,加水搅打成豆浆,煮沸后滤出豆浆,加入白糖拌匀即可饮用。

养生功效

葡萄含有维生素A、维生素C、维生素E、蛋白质等成分。此款豆浆有滋养肌肤、美胸的作用。

火龙果豆浆

延缓衰老、美胸

【材料】

黄豆100克,火龙果1个,白糖5克

【做法】

①黄豆泡软,捞出洗净;火龙果切开,挖出果肉捣碎。
②将黄豆、火龙果果肉放入豆浆机中,加水搅打成豆浆,煮沸后滤出豆浆,加入白糖拌匀即可饮用。

养生功效

火龙果含有碳水化合物、叶酸、膳食纤维、蛋白质、维生素B_6、花青素等成分。黄豆能提供人体所需的多种氨基酸。此款豆浆有延缓衰老、美胸、润肠通便的作用。

特别提示

糖尿病患者不宜多饮用此豆浆。

子宫护理豆浆

山楂大米豆浆
改善血瘀型痛经、保养子宫

【材料】

黄豆60克，山楂25克，大米20克，白糖10克

【做法】

① 黄豆泡软，捞出洗净；大米淘洗干净；山楂洗净，去蒂，除核，切碎。

② 将上述材料放入豆浆机中，加水搅打成豆浆，煮沸后滤出豆浆，加入白糖调匀即可。

养生功效

大米含有蛋白质、糖类、钙、磷、铁、B族维生素等成分。山楂含有丰富的维生素C。这款豆浆有极好的开胃、保养子宫、防癌抗癌的功效。

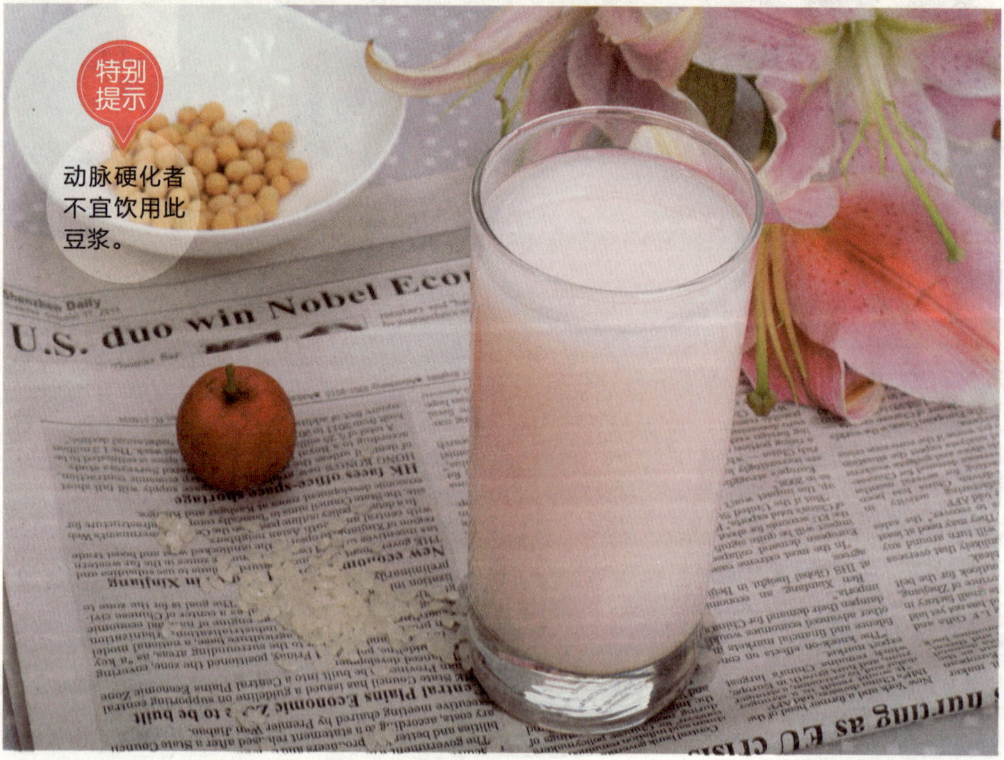

特别提示

动脉硬化者不宜饮用此豆浆。

百合小米豆浆 　滋阴养血、护理子宫

【材料】
百合30克，黄豆80克，小米20克，白糖少许

【做法】
① 黄豆泡软，捞出洗净；百合洗净备用；小米洗净。
② 将上述材料放入豆浆机中，加水搅打成豆浆，煮沸后滤出豆浆，趁热加入白糖拌匀。

养生功效

小米具有滋阴养血的功效，喝小米豆浆，可以使虚寒的体质得到调养，护理子宫。

玫瑰油菜豆浆 　消除疲劳、调理子宫

【材料】
黄豆50克，黑豆25克，油菜20克，玫瑰花5克

【做法】
① 黄豆、黑豆泡软，捞出洗净；玫瑰花洗净浮尘，泡开，切碎；油菜择洗干净，切碎。
② 将上述材料放入豆浆机中，加水搅打成豆浆，煮沸后滤出豆浆即可。

养生功效

豆浆中加入玫瑰花，有消除疲劳、调理子宫、补气血的功效。

大米莲藕豆浆

调养子宫、补心益肾

【材料】

黄豆、大米、莲藕各30克,绿豆20克

【做法】

① 黄豆、绿豆泡软,捞出洗净;大米洗净,浸泡半小时;莲藕去皮,洗净,切碎。
② 将上述材料放入豆浆机中,加水搅打成豆浆,煮沸后滤出豆浆即可。

养生功效

莲藕含有丰富的蛋白质、糖类、钙、磷、铁和多种维生素。大米能提供丰富的蛋白质、脂肪、膳食纤维等成分。此款豆浆有调养子宫、补心益肾的作用。

特别提示

服药时,不宜饮用此豆浆。

慈姑桃子小米豆浆

保养子宫、润泽肌肤

【材料】

黄豆50克，慈姑30克，桃子1个，绿豆15克，小米10克

【做法】

① 黄豆、绿豆泡软，捞出洗净；小米洗净，浸泡；慈姑去皮，洗净，切碎；桃子洗净，去核，切碎。

② 将所有原材料放入豆浆机中，加水搅打成豆浆，煮沸后滤出豆浆即可。

养生功效

慈姑含有淀粉、蛋白质、多种维生素、矿物质。桃子含有蛋白质、烟酸、维生素A、维生素C、维生素E。此款豆浆是女性保养子宫、润泽肌肤的佳品。

特别提示

孕妇不宜饮用此豆浆。

补血豆浆

桂圆红豆豆浆
养血宁神、益气补血

【材料】
红豆70克,桂圆3颗,冰糖少许

【做法】
① 红豆泡软,捞出洗净;桂圆去壳去核,洗净。
② 将红豆、桂圆放入豆浆机中,加水搅打成豆浆,煮沸后滤出豆浆,加冰糖拌匀即可。

养生功效

桂圆营养丰富,含有碳水化合物、蛋白质、维生素、核黄素等成分。红豆能提供丰富的铁质。此款豆浆具有清热去火、补血养气的作用。

特别提示

尿多之人不宜食用红豆。

小米红枣豆浆

养胃、补血、健脑

【材料】
黄豆40克,小米30克,红枣、白糖各适量

【做法】
① 黄豆泡软,捞出洗净;小米洗净;红枣洗净,去核切碎。
② 将上述材料放入豆浆机中,加水搅打成豆浆,煮沸后滤出豆浆,加白糖即可饮用。

养生功效

小米含有蛋白质、脂肪、铁、钙、钾及多种维生素等成分,特别是其铁含量相对较高。红枣的铁、维生素C含量较高。这款豆浆有养胃、补血、健脑的作用。

特别提示

此款豆浆不宜加红糖调味。

红豆豆浆

补气提神、补血

【材料】

红豆65克,白糖适量

【做法】

①红豆泡软,捞出洗净。
②将红豆放入豆浆机中,加水搅打成豆浆,煮沸后滤出豆浆,加入适量白糖调匀即可。

养生功效

红豆含有钾、磷、镁、钙、铁、胡萝卜素、碳水化合物等成分。经常饮用这款豆浆可起到改善肤质、补气提神、补血的功效。

1

2

3

特别提示

红豆不宜同咸味较重的食物同食。

红枣豆浆

改善气虚血弱

【材料】
黄豆70克，去核红枣3颗

【做法】
①黄豆泡软，捞出洗净；去核红枣洗净。
②将黄豆、红枣放入豆浆机中，加水搅打成豆浆，煮沸后滤出豆浆，装杯即可。

养生功效

红枣富含多种维生素。黄豆含有较多的矿物质、蛋白质、膳食纤维、烟酸等成分。这款豆浆能健脾益胃、补血养颜。

红枣花生豆浆

促进血液循环、补血

【材料】
红豆、花生仁各40克，红枣2颗

【做法】
①红豆泡软，捞出洗净；花生仁挑去杂质，洗净；红枣去核，洗净。
②将上述材料放入豆浆机中，加水搅打成豆浆，煮沸后滤出豆浆即可。

养生功效

花生含有丰富的蛋白质、钙、磷、铁、大豆卵磷脂、胆碱、脂肪酸及多种维生素等成分。红豆富含铁质。经常饮用这款豆浆可降低胆固醇、补血、润肺化痰。

桂圆红枣豆浆

滋补养血、补血补虚

【材料】

黄豆65克,桂圆30克,红枣3颗

【做法】

① 黄豆泡软,捞出洗净;桂圆去壳,去核,洗净;红枣洗净,去核。

② 将上述材料放入豆浆机中,加水搅打成豆浆,煮沸后滤出豆浆即可。

养生功效

红枣富含铁质、蛋白质、维生素C、糖类、胡萝卜素等成分。黄豆含有多种人体所需的矿物质和氨基酸。常喝这类豆浆可以起到补血补虚、增强免疫力的作用。

特别提示

桂圆不易保存,建议现买现食。

薏米红枣豆浆

补血、预防心血管疾病

【材料】
黄豆60克,薏米30克,红枣2颗

【做法】
① 黄豆、薏米泡软,捞出洗净;红枣洗净,去核切碎。
② 将上述材料放入豆浆机中,加水搅打成豆浆,煮沸后滤出豆浆即可。

养生功效

薏米含有蛋白质、碳水化合物、脂肪、钾、磷、镁、铁等成分。黄豆可为人体提供丰富的氨基酸、大豆卵磷脂、可溶性纤维。这款豆浆能消除色斑、补血、预防心血管疾病。

特别提示

虚寒体质者不宜长期饮用。

补气豆浆

人参紫米红豆豆浆

大补元气、养血补虚

【材料】

黄豆20克，人参5克，红豆30克，紫米20克，蜂蜜10克

【做法】

①黄豆、红豆泡软，捞出洗净；紫米洗净，浸泡；人参洗净，煎出汁，留汁备用。

②将上述材料放入豆浆机中，加水搅打成豆浆，煮沸后滤出豆浆，待温热后放入蜂蜜搅匀即可。

养生功效

人参含有人参皂苷、有机酸、酚类、多种氨基酸和维生素。紫米含有蛋白质、碳水化合物、烟酸和多种矿物质。这款豆浆有补气、养血、强身健体的功效。

特别提示

此豆浆滋补性较强，不宜常饮。

小米绿豆豆浆

补气养胃、促进消化

【材料】
绿豆、小米各35克，葡萄干10克

【做法】
① 绿豆泡软，捞出洗净；小米淘洗干净，用清水浸泡2小时；葡萄干用温水洗净。
② 将上述材料放入豆浆机中，加水搅打成豆浆，煮沸后滤出豆浆即可。

养生功效

绿豆含有蛋白质、碳水化合物。小米含有蛋白质、脂肪等成分。这款豆浆有补气调中、缓解疲劳的功效。

特别提示

气滞者不宜饮用此款豆浆。

红枣糯米豆浆

补气、补血、安神

【材料】
黄豆40克,糯米、红枣各15克,冰糖适量

【做法】
①黄豆、糯米分别泡软,捞出洗净;红枣用温水洗净,去核切成小块。
②将上述材料放入豆浆机中,加水搅打成豆浆,煮沸后滤出豆浆,调入冰糖即可。

养生功效

糯米营养丰富,含有碳水化合物、蛋白质、烟酸、脂肪及多种矿物质。红枣含有多种维生素和矿物质。这款豆浆有补气、安神、强身的作用。

桂圆山药豆浆

改善气血不足

【材料】
桂圆20克,山药10克,黄豆60克,冰糖10克

【做法】
①桂圆去壳,去核,洗净;黄豆泡软,捞出洗净;山药洗净去皮,切丁。
②将上述材料放入豆浆机中,加水搅打成豆浆,煮沸后滤出豆浆,趁热加入冰糖拌匀。

养生功效

桂圆适宜年老、气血不足、体虚乏力、营养不良者食用,这款豆浆可改善气血不足、失眠健忘等症。

山药大米豆浆

补中益气、止烦、止渴

【材料】

山药30克，大米20克，黄豆60克，冰糖适量

【做法】

① 山药去皮洗净，切小碎丁；黄豆泡软，捞出洗净；大米洗净泡软。
② 将山药、大米、黄豆放入豆浆机中，加水搅打成豆浆，煮沸后滤出豆浆，加入冰糖拌匀即可。

养生功效

黄豆富含蛋白质及铁、镁、钼、锰、铜、锌、硒等成分。大米含有蛋白质、脂肪等营养成分。这款豆浆有补中益气、止烦、止渴的功效。

特别提示

大便燥结者不宜多饮此豆浆。

山药二豆浆

补气、滋润肌肤

【材料】

山药25克，青豆40克，黄豆50克，冰糖10克

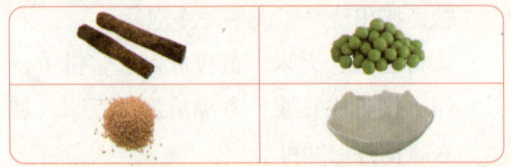

【做法】

① 山药去皮洗净，切碎；黄豆、青豆泡软，捞出洗净。

② 将山药、青豆、黄豆放入豆浆机中，加水搅打成豆浆，煮沸后滤出豆浆，加冰糖拌匀即可。

养生功效

青豆含有蛋白质、脂肪、碳水化合物、钙、磷、铁、B族维生素、植物凝集素等营养成分。黄豆富含大豆磷脂、大豆皂醇。经常饮用此款豆浆有补气、滋润肌肤的作用。

特别提示

痛风患者不宜饮用此豆浆。

百合红豆豆浆

补气、润肺

【材料】
百合10克,红豆80克

【做法】
① 百合洗净备用;红豆泡软,捞出洗净。
② 将上述材料放入豆浆机中,加水搅打成豆浆,煮沸后滤出豆浆即可。

养生功效

百合含有蛋白质、淀粉、矿物质等成分,有养阴润肺、安神养气的功效。饮用此豆浆可补气、润肺。

特别提示

尿频者不宜饮用此款豆浆。

美白豆浆

黄瓜雪梨豆浆

美白肌肤、滋阴清热

【材料】

黄瓜10克,雪梨1个,黄豆100克

【做法】

①黄豆泡软,捞出洗净;黄瓜洗净,去皮后切成小丁;雪梨洗净,去皮去核切丁。

②将上述材料放入豆浆机中,加水搅打成豆浆,煮沸后滤出豆浆即可。

养生功效

黄瓜含有蛋白质、糖类、胡萝卜素、钙、磷、铁、多种维生素等成分。雪梨含有蛋白质、糖类、膳食纤维、脂肪等成分。这款豆浆非常适合女性饮用,有很好的美白肌肤、滋阴清热功效。

特别提示:黄瓜可先焯水再放入豆浆机。

苹果水蜜桃豆浆

补气润肺、美白

【材料】

苹果1个,水蜜桃1个,黄豆60克,白糖少许

【做法】

①苹果、水蜜桃均去皮,去核,洗净后切小丁;黄豆泡软,捞出洗净。
②将苹果、水蜜桃、黄豆放入豆浆机中,加水搅打成豆浆,煮沸后滤出豆浆,趁热加入白糖拌匀即可。

养生功效

苹果的抗氧化物质含量较高,有美白的功效。这款豆浆有补气润肺、美白、预防贫血的作用。

特别提示

糖尿病患者不宜饮用此豆浆。

杂果豆浆

美白、养颜

【材料】
木瓜、橙子、苹果各45克,黄豆60克,白糖10克

【做法】
① 木瓜、橙子、苹果均去皮去籽,洗净切小丁;黄豆泡软,捞出洗净。
② 将上述材料放入豆浆机中,加水搅打成豆浆,煮沸后滤出豆浆,加白糖拌匀即可。

养生功效

木瓜含番木瓜碱、木瓜蛋白酶、维生素,橙子富含维生素C。此款豆浆有养颜、美白、开胃的作用。

雪梨猕猴桃豆浆

美白、润肤

【材料】
雪梨1个,猕猴桃1个,黄豆100克,白糖5克

【做法】
① 雪梨洗净,去皮去核切丁;猕猴桃去皮,切丁;黄豆泡软,捞出洗净。
② 将雪梨、猕猴桃、黄豆放入豆浆机中,加水搅打成豆浆,煮沸后滤出豆浆,趁热加入白糖拌匀即可。

养生功效

猕猴桃含有维生素、矿物质等成分。雪梨含有丰富的糖类。此豆浆有美白、润肤、预防便秘的功效。

椰汁豆浆

美白、润肤

【材料】

黄豆80克,椰汁适量

【做法】

①黄豆泡软,捞出洗净。
②将黄豆、椰汁放入豆浆机中,加水搅打成豆浆,煮沸后滤出豆浆即可。

养生功效

黄豆富含蛋白质、钙、锌、铁、磷、糖类、膳食纤维、大豆卵磷脂、维生素B_1和维生素E。椰汁富含维生素C和矿物质。这款豆浆有止呕止泻、美白、强心的作用。

特别提示

常饮此款豆浆还能增强免疫力。

润肤豆浆

苹果柠檬豆浆

滋润肌肤、增强免疫力

【材料】

黄豆70克，苹果1个，柠檬半个

【做法】

① 黄豆泡软，捞出洗净；苹果去核、皮，切小块；柠檬榨汁。

② 将苹果、黄豆放入豆浆机中，加水搅打成豆浆，煮沸后滤出豆浆，调入适量柠檬汁即可。

养生功效

苹果富含糖类、芳香醇类、果胶物质和多种维生素。柠檬富含维生素C和柠檬酸。这款豆浆有开胃消食、滋润肌肤、增强免疫力的作用。

特别提示：此豆浆可带豆渣饮用。

养颜燕麦核桃豆浆

润肤护肤、延缓衰老

【材料】
黄豆65克,核桃仁、燕麦各20克,冰糖少许

【做法】
①黄豆泡软,捞出洗净;核桃仁、燕麦洗净。
②将泡好的黄豆、核桃仁、燕麦放入豆浆机中,加水搅打成豆浆,煮沸后滤出豆浆,加入冰糖拌匀即可。

养生功效

燕麦、核桃富含B族维生素、维生素E。这款豆浆有润肠止汗、润肤护肤、延缓衰老的功效。

红枣米润豆浆

补血养颜、滋养肌肤

【材料】
黄豆、大米各40克,红枣2颗,白糖少许

【做法】
①黄豆泡软,捞出洗净;大米淘洗干净;红枣去核洗净,切块。
②将上述材料放入豆浆机中,加水搅打成豆浆,煮沸后滤出豆浆,加入白糖拌匀。

养生功效

红枣富含蛋白质、B族维生素、维生素C等。此豆浆有补血养颜、滋养肌肤、增进食欲的作用。

美颜杂花豆浆　润肤、养颜

【材料】

黄豆50克，金银花、菊花、玫瑰花、茉莉花、桂花各少许

【做法】

① 黄豆泡软，捞出洗净；各种花均洗净浮尘。

② 将上述材料放入豆浆机中，加水搅打成豆浆，煮沸后滤出豆浆，即可饮用。

养生功效

金银花的有效成分是绿原酸，还含有一定量的钙、磷、铁等成分。桂花含有较多的挥发油。这款豆浆有生津、平肝、润肤的作用。

特别提示

还可加入少许藕粉，美味又开胃。

红枣养颜豆浆

补血养虚、润肤

【材料】

黄豆70克,去核红枣2颗,白糖少许

【做法】

①黄豆泡软,捞出洗净;红枣洗净。
②将黄豆、红枣放入豆浆机中,加水搅打成豆浆,煮沸后滤出豆浆,加入白糖拌匀即可。

养生功效

黄豆富含蛋白质、脂肪、钙、磷、铁、维生素B_1、维生素B_2等成分。红枣富含钙、铁和多种维生素。这款豆浆有补血、润肤的功效。

特别提示

动脉硬化者不宜饮用此豆浆。

护发乌发豆浆

芝麻蜂蜜豆浆　营养头发

【材料】

黄豆65克，黑芝麻、蜂蜜各20克

【做法】

①黄豆泡软，捞出洗净；黑芝麻冲洗干净，沥干水分，碾碎。

②将黄豆、黑芝麻放入豆浆机中，加水搅打成豆浆，煮沸后滤出豆浆，待温热时调入蜂蜜即可。

养生功效

蜂蜜富含葡萄糖、果糖、氨基酸及维生素等营养成分。黑芝麻含有较多的蛋白质、维生素E等营养成分。这款豆浆有很好的补肾、乌发、润肠的作用。

特别提示

腹泻者不宜饮用此款豆浆。

黑芝麻花生豆浆

护发乌发

【材料】

黄豆50克,花生仁25克,黑芝麻5克,冰糖适量

【做法】

①黄豆泡软,捞出洗净;黑芝麻略冲洗,晾干水后碾碎;花生仁洗净。

②将黄豆、黑芝麻、花生仁放入豆浆机中,加水搅打成豆浆,煮沸后滤出豆浆,加入冰糖拌匀即可。

养生功效

花生含有较多的蛋白质、碳水化合物、脂肪、烟酸、矿物质等成分。这款豆浆有护发乌发、改善耳鸣的作用。

特别提示

高血脂患者不宜多饮此豆浆。

黑豆豆浆

乌发护发、养颜美容

【材料】

黑豆70克，白糖适量

【做法】

① 黑豆泡软，捞出洗净。
② 将黑豆放入豆浆机中，加水搅打成豆浆，煮沸后滤出豆浆，加入适量白糖调匀即可。

养生功效

黑豆含有丰富的蛋白质、烟酸、镁、铁等营养成分。白糖含有丰富的碳水化合物。这款豆浆是补肾壮阳、乌发护发、养颜美容的滋补佳品。

1

2

3

特别提示

泡发黑豆时不宜用热水。

乌发黑芝麻豆浆

改善发质、乌发明目

【材料】
黄豆100克,黑芝麻、白糖各适量

【做法】
①黄豆泡软,捞出洗净;黑芝麻淘洗净,碾碎。
②将黄豆、黑芝麻放入豆浆机中,加水搅打成豆浆,煮沸后滤出豆浆,加入白糖调匀即可。

养生功效

黑芝麻含有氨基酸、维生素E、维生素B_1、不饱和脂肪酸等成分。此款豆浆加入黑芝麻,有乌发明目、强筋健骨的作用。

芝麻花生黑豆豆浆

改善脱发、须发早白

【材料】
黑豆70克,黑芝麻、花生仁各10克,白糖15克

【做法】
①黑豆泡软,捞出洗净;花生仁洗净;黑芝麻冲洗干净,沥干水分,碾碎。
②将上述材料放入豆浆机中,加水搅打成豆浆,煮沸后滤出豆浆,加入白糖拌匀即可。

养生功效

黑芝麻和黑豆的维生素含量较高。这款豆浆有护发乌发、改善脱发、补血的作用。

淡斑豆浆

哈密瓜豆浆

淡斑祛斑、除烦热

【材料】

哈密瓜50克，黄豆50克，白糖少许

【做法】

①黄豆泡软，捞出洗净；哈密瓜去皮，去籽，洗净备用。

②将上述材料放入豆浆机中，加水搅打成豆浆，煮沸后滤出豆浆，趁热加入白糖拌匀即可。

养生功效

哈密瓜含有蛋白质、膳食纤维、胡萝卜素、果胶、糖类以及多种维生素和矿物质。黄豆富含蛋白质、矿物质、大豆卵磷脂等成分。这款豆浆有淡斑祛斑、除烦热、改善胃病的作用。

特别提示：糖尿病患者应该慎饮此豆浆。

茉莉绿茶豆浆　美容护肤、淡斑

【材料】
黄豆60克，茉莉花、绿茶各5克

【做法】
①黄豆泡软，捞出洗净；用茉莉花、绿茶泡成茉莉绿茶，取汁待用。
②将黄豆放入豆浆机中，倒入茉莉绿茶，搅打成豆浆，煮沸后滤出豆浆即可。

养生功效

茉莉花含有特殊的挥发油成分。绿茶富含茶多酚，有抗氧化的功效。这款豆浆有美容护肤、淡斑的功效。

菊花枸杞豆浆　改善高血脂、祛斑

【材料】
黄豆70克，菊花15克，枸杞少许

【做法】
①黄豆泡软，捞出洗净；菊花洗净浮尘；枸杞泡发洗净。
②将上述材料放入豆浆机中，加水搅打成豆浆，煮沸后滤出豆浆，即可饮用。

养生功效

菊花主要含有黄酮类化合物、挥发油；枸杞富含氨基酸、糖类、维生素等成分。这款豆浆有改善高血脂、祛斑、明目、提神的功效。

菊花绿豆豆浆

淡化雀斑、清热解毒

【材料】
绿豆65克，杭白菊10朵

【做法】
①绿豆泡软，捞出洗净；杭白菊洗净浮尘。
②将绿豆、杭白菊放入豆浆机中，加水搅打成豆浆，煮沸后滤出豆浆，即可饮用。

养生功效

菊花含有菊苷、维生素A、B族维生素、挥发油等成分。这款豆浆有淡化雀斑、清热解毒的功效。

怡情绿茶豆浆

美容、淡斑、缓解皮肤干燥

【材料】
黄豆65克，绿茶5克

【做法】
①黄豆泡软，捞出洗净；绿茶洗净浮尘。
②将黄豆、绿茶放入豆浆机中，加水搅打成豆浆，煮沸后滤出豆浆即可。

养生功效

绿茶含有茶多酚，有抗氧化的作用，可延缓肌肤衰老。经常饮用此款豆浆还可美容、淡斑、缓解皮肤干燥。

玫瑰薏米豆浆

美容、淡斑、润肤

【材料】
黄豆60克，薏米30克，干玫瑰花蕾5朵

【做法】
① 黄豆泡软，捞出洗净；薏米淘洗干净，浸泡2小时；干玫瑰花蕾洗净。
② 将上述材料放入豆浆机中，加水搅打成豆浆，煮沸后滤出豆浆即可。

特别提示
尿频者不宜饮用此款豆浆。

养生功效
玫瑰花含有挥发油等成分。薏米含有大量的碳水化合物、膳食纤维、矿物质等成分。这款豆浆有美容、淡斑、润肤、改善脾虚的功效。

祛痘豆浆

荷叶豆浆

祛痘、润泽肌肤

【材料】

黄豆60克，荷叶10克，白糖5克

【做法】

①黄豆泡软，捞出洗净；荷叶洗净备用。
②将荷叶、黄豆放入豆浆机中，加水搅打成豆浆，煮沸后滤出豆浆，加入白糖调味即可。

养生功效

荷叶富含黄酮类物质、维生素C、芳香族化合物等成分。黄豆富含矿物质、蛋白质等成分。此款豆浆有祛痘、润泽肌肤的作用。

特别提示

体瘦、气血虚弱者慎饮此豆浆。

西芹芦笋豆浆　祛痘、清热降火

【材料】
西芹15克，芦笋20克，黄豆80克，白糖少许

【做法】
①西芹洗净，切小丁；芦笋洗净，焯水，切小碎丁；黄豆泡软，捞出洗净。
②将上述材料放入豆浆机中，加水搅打成豆浆，煮沸后滤出豆浆，加白糖拌匀即可。

养生功效
西芹含有丰富的膳食纤维、蛋白质、叶酸、B族维生素等成分。芦笋富含多种氨基酸和维生素。饮用此款豆浆可降血压、祛痘、清热。

玉米苹果豆浆　生津、除烦、祛痘

【材料】
玉米粒30克，苹果1个，黄豆60克，冰糖10克

【做法】
①玉米粒洗净备用；苹果洗净，去皮，切碎丁；黄豆泡软，捞出洗净。
②将玉米粒、黄豆放入豆浆机中，加水搅打成豆浆，煮沸后滤出豆浆，加入冰糖拌匀即可。

养生功效
玉米含有维生素E、蛋白质、维生素B_2等成分。苹果富含糖类、芳香醇类和果胶物质。这款豆浆有生津、除烦、祛痘的作用。

芹枣豆浆

养血、祛痘、补气

【材料】

西芹15克，红枣4颗，黄豆60克，冰糖适量

【做法】

①西芹洗净，切碎；红枣去核洗净，切碎；黄豆泡软，捞出洗净。
②将西芹、红枣、黄豆放入豆浆机中，加水搅打成豆浆，煮沸后滤出豆浆，加入冰糖拌匀即可。

养生功效

红枣含有蛋白质、脂肪、糖类、有机酸、维生素A、维生素C等营养成分。西芹、黄豆均含有优质蛋白质、膳食纤维等成分。这款豆浆有养血、祛痘、补气的功效。

特别提示

糖尿病患者不宜多饮用此豆浆。

芦笋绿豆豆浆

解毒、祛痘、清热

特别提示
痛风患者不宜多饮用此豆浆。

【材料】
芦笋100克，绿豆50克

【做法】
① 芦笋洗净，焯水，沥干后切成小丁；绿豆泡软，捞出洗净。
② 将芦笋、绿豆放入豆浆机中，加水搅打成豆浆，煮沸后滤出豆浆即可。

养生功效
绿豆含有丰富的B族维生素、维生素C，而且热量较低。芦笋能清热利尿。这款豆浆有解毒、祛痘、清热的作用。

抗衰老豆浆

红枣绿豆豆浆

延缓衰老、补血

【材料】

绿豆70克，红枣1颗

【做法】

①绿豆泡软，捞出洗净；红枣洗净，去核。
②将绿豆、红枣放入豆浆机中，加水搅打成豆浆，煮沸后滤出豆浆即可。

养生功效

红枣富含多种维生素。绿豆含有较多的矿物质、蛋白质、膳食纤维、烟酸等营养成分。这款豆浆有延缓皮肤衰老的作用，同时还能健脾益胃。

特别提示

便秘患者不宜多饮此款豆浆。

小麦核桃红枣豆浆

增强免疫力、延缓衰老

特别提示：阴虚火旺者不宜多饮此豆浆。

【材料】
黄豆50克，小麦20克，核桃2个，红枣4枚

【做法】
① 黄豆、小麦泡软，捞出洗净；核桃去皮，碾碎；红枣洗净，去核，切碎。
② 将所有原材料放入豆浆机中，加水搅打成豆浆，煮沸后滤出豆浆即可。

养生功效

小麦含有碳水化合物、膳食纤维、蛋白质、维生素E及多种矿物质。核桃富含蛋白质和B族维生素。这款豆浆有润肺、养肾、抗衰老的功效。

山楂糙米浆

抗衰老、预防癌症

【材料】
糙米60克,山楂20克,冰糖适量
【做法】
①糙米洗净,加水浸泡2小时;山楂洗净去核,切成小块。
②将糙米、山楂放入豆浆机中,加水搅打成豆浆,煮沸后滤出豆浆,冷却后加入冰糖拌匀即可。

养生功效

糙米富含淀粉酶、蛋白酶和多种维生素。这款米浆是开胃、抗衰老、助消化、预防癌症的佳品。

牛奶开心果豆浆

美白肌肤、抗衰老

【材料】
黄豆40克,开心果15克,牛奶适量
【做法】
①黄豆泡发,捞出洗净;开心果碾碎。
②将上述材料放入豆浆机中,加水搅打成豆浆,煮沸后滤出豆浆,加入牛奶调匀即可。

养生功效

开心果含有较多的蛋白质、维生素A、叶酸、铁、磷、钙、烟酸等成分。牛奶含有优质蛋白质和多种矿物质。这款豆浆有增强免疫力、美白肌肤、抗衰老的作用。

菠萝豆浆

美容养颜、抗衰老

【材料】
菠萝50克，黄豆40克，白糖6克

【做法】
① 黄豆泡软，捞出洗净；菠萝去皮，切成小碎丁。
② 将上述材料放入豆浆机中，加水搅打成豆浆，煮沸后滤出豆浆，趁热加入白糖拌匀即可。

> **养生功效**
>
> 菠萝味甘、微酸，性微寒，具有清热解暑、养颜瘦身的功效。此豆浆加入菠萝，可以养颜、抗衰老。

特别提示：糖尿病患者不宜饮用此豆浆。

马蹄黑豆豆浆

延缓衰老、降低血压

【材料】

马蹄30克,黑豆60克,白糖10克

【做法】

① 马蹄去皮洗净,切碎丁;黑豆泡软,捞出洗净。

② 将马蹄、黑豆放入豆浆机中,加水搅打成豆浆,煮沸后滤出豆浆,加入白糖拌匀即可。

养生功效

马蹄营养丰富,含有蛋白质、糖类、钙、铁及多种维生素。黑豆含有锌、铜、镁、钼、硒、氟等矿物质。这款豆浆有延缓衰老、降低血液黏稠度的作用。

特别提示:消化不良者不宜饮用。

Part 4

男人养生豆浆

　　男人承担着更多的社会责任和家庭责任，身心很容易受到一定程度的损伤。比如，从事重体力劳动的男性，其心、肝、脾、胃、肾等器官的衰退和受损速度相比普通人群明显更快；从事脑力工作的男性，大脑比较容易疲劳，记忆力也比较容易减退；从事IT行业的男性，极易出现视疲劳、心情抑郁及前列腺炎等一系列病症。这些情况是可以通过食疗来进行预防和改善的。豆浆因其含有优质植物蛋白、碳水化合物、镁、钙、铁、锌等成分，有增强免疫力、改善记忆、缓解疲劳、解酒护肝等功效。读者可以在本章中找到适合男性养生的豆浆，学会制作，并且长期饮用，对身体健康大有好处。

保护前列腺豆浆

杏仁榛子豆浆

补肾壮阳、保护前列腺

【材料】

黄豆60克，杏仁、榛子仁各15克

【做法】

①黄豆泡软，捞出洗净；杏仁、榛子仁碾碎。
②将黄豆、杏仁、榛子仁放入豆浆机中，加水搅打成豆浆，煮沸后滤出豆浆即可。

养生功效

杏仁富含蛋白质、B族维生素、钙、磷、铁等。榛子含有蛋白质、B族维生素、维生素E。这款豆浆有补肾壮阳、保护前列腺、益气补血的作用。

特别提示：过敏体质者不宜饮用此豆浆。

红薯芝麻豆浆

改善前列腺炎、降血压

【材料】
黄豆、红薯各40克，黑芝麻15克

【做法】
①黄豆泡软，捞出洗净；红薯洗净，去皮切丁；黑芝麻洗净。
②将上述材料放入豆浆机中，加水搅打成豆浆，煮沸后滤出豆浆即可饮用。

养生功效
红薯含有丰富的淀粉、膳食纤维、维生素A、钾、铁、铜、硒、钙、亚油酸。芝麻富含蛋白质和维生素E。这款豆浆有改善前列腺炎、降血压的作用。

百合莲子银耳豆浆

安神、保护前列腺

【材料】
绿豆50克，百合、莲子、银耳各15克

【做法】
①绿豆泡软，捞出洗净；莲子去心，用开水泡软；银耳泡发，去杂质，洗净撕成小朵；百合洗净。
②将所有原材料放入豆浆机中，加水搅打成豆浆，煮沸后滤出豆浆即可。

养生功效
银耳富含蛋白质、膳食纤维、维生素A、烟酸及多种矿物质。莲子富含淀粉、蛋白质。此豆浆有清心润肺、保护前列腺、安神的作用。

银耳黑豆豆浆

保肝护肾、保护前列腺

【材料】

黑豆50克，百合25克，银耳5克，冰糖适量

【做法】

①黑豆泡软，捞出洗净；百合洗净，撕小块；银耳泡发洗净，撕小块。

②将上述材料放入豆浆机中，加水搅打成豆浆，煮沸后滤出豆浆，加入冰糖搅匀即可饮用。

养生功效

黑豆富含蛋白质、碳水化合物、膳食纤维、多种维生素和矿物质等成分。经常饮用此款豆浆有助于保肝护肾、解酒、保护前列腺。

1

2

3

特别提示

豆类过敏者不宜饮用此豆浆。

花生绿豆豆浆

预防前列腺炎、增强记忆

【材料】
绿豆80克,黄豆、花生仁各10克,白糖适量

【做法】
①绿豆、黄豆、花生仁泡软,捞出洗净。
②将上述材料放入豆浆机中,加水搅打成豆浆,煮沸后滤出豆浆,加白糖拌匀即可。

养生功效

花生富含蛋白质、脂肪、碳水化合物、钙、磷、B族维生素、维生素C等。绿豆、黄豆均含有优质蛋白质、烟酸等成分。此豆浆有预防前列腺炎、增强记忆力的功效。

猕猴桃豆浆

宁心安神、保护前列腺

【材料】
黄豆50克,猕猴桃1个,冰糖10克

【做法】
①黄豆泡软,捞出洗净;猕猴桃去皮,切成小丁备用。
②将上述材料放豆浆机中,加水搅打成豆浆,煮沸后滤出豆浆,趁热加入冰糖拌匀。

养生功效

猕猴桃含有丰富的维生素A、维生素C、维生素E、钾、镁等。黄豆富含多种氨基酸、胆碱。此豆浆有宁心安神、保护前列腺的作用。

提高性欲豆浆

小米豆浆

提高性欲、改善失眠

【材料】

黄豆60克,小米40克,冰糖少许

【做法】

① 黄豆泡软,捞出洗净;小米淘洗干净。
② 将黄豆、小米放入豆浆机中,加水搅打成豆浆,煮沸后滤出豆浆,加冰糖拌匀即可。

养生功效

小米含有较多的蛋白质、碳水化合物、维生素E、膳食纤维、烟酸及多种矿物质。黄豆富含优质蛋白质、大豆卵磷脂。这款豆浆有提高性欲、改善失眠的功效。

特别提示

气滞者忌饮此豆浆。

小麦玉米豆浆

增强性欲、养胃

特别提示：玉米粒无需去掉胚尖。

【材料】
黄豆45克，小麦20克，玉米粒30克，冰糖适量

【做法】
①黄豆泡软，捞出洗净；玉米粒洗净；小麦洗净。
②将黄豆、小麦、玉米粒放入豆浆机中，加水搅打成豆浆，煮沸后滤出豆浆，加入冰糖拌匀即可。

养生功效

小麦富含蛋白质、钙、铁、磷、多种维生素、麦芽糖酶等成分。玉米含有较多的淀粉。这款豆浆有增强性欲、养胃、防治动脉硬化的功用。

虾皮紫菜豆浆 提高性欲、降低胆固醇

【材料】
黄豆100克，虾皮、紫菜各5克，盐少许

【做法】
①黄豆泡软，洗净；虾皮、紫菜洗净，沥干。
②将上述材料放入豆浆机中，加水搅打成豆浆，煮沸后滤出豆浆，加少许盐拌匀。

养生功效

虾皮含有蛋白质、烟酸、维生素A、碘、钙、铁、虾青素等成分。紫菜富含蛋白质、褐藻胶。这款豆浆有提高性欲、清肺热、降低胆固醇含量的功效。

青葱燕麦豆浆 增强性功能、增强体质

【材料】
青葱10克，燕麦20克，黄豆100克，白糖10克

【做法】
①将青葱洗净，切碎；黄豆泡软，捞出洗净；燕麦洗净。
②将青葱、燕麦、黄豆放入豆浆机中，加水搅打成豆浆，煮沸后滤出豆浆，加入白糖拌匀即可。

养生功效

青葱含蛋白质、维生素A及矿物质。燕麦含多种氨基酸。此豆浆有增强性功能、增强体质的作用。

芦笋山药豆浆

提高精子活力、增强性欲

【材料】

芦笋、山药各15克，黄豆40克，白糖适量

【做法】

①黄豆泡软，捞出洗净；芦笋洗净，焯水后切小丁；山药去皮洗净，切小碎丁。

②将上述材料放入豆浆机中，加水搅打成豆浆，煮沸后滤出豆浆，加白糖拌匀即可。

养生功效

芦笋富含多种氨基酸和维生素，还含有天冬酰胺、硒、钼、铬、锰。山药富含多种维生素和淀粉酶。这款豆浆有提高精子活力、增强性欲、补中益气的作用。

特别提示：消化性溃疡患者忌饮此豆浆。

缓解早泄豆浆

核桃黑芝麻豆浆

缓解早泄、养血润燥

【材料】

黄豆50克，核桃仁、黑芝麻、白糖各适量

【做法】

①黄豆泡软，捞出洗净；黑芝麻略冲洗，晾干后碾碎；核桃仁洗净。

②将黄豆、核桃仁、黑芝麻放入豆浆机中，加水搅打成豆浆，煮沸后滤出豆浆，加适量白糖调味即可。

养生功效

核桃含有氨基酸、多糖类、黄酮类、锌、锰、维生素等成分。黑芝麻富含蛋白质、维生素A、卵磷脂。这款豆浆有缓解早泄、养血润燥、健脑安神的作用。

特别提示

严重肝病患者慎饮。

白萝卜豆浆

缓解早泄、除痰润肺

【材料】
黄豆70克，白萝卜30克

【做法】
①黄豆泡软，捞出洗净；白萝卜洗净，去皮切丁。
②将上述材料放入豆浆机中，加水搅打成豆浆，煮沸后滤出豆浆，趁热饮用。

养生功效

白萝卜含有维生素C和多种微量元素。黄豆含有大量的蛋白质及多种矿物质。常喝此豆浆，可缓解早泄、助消化、除痰润肺。

枸杞黑芝麻豆浆

补肾益精、缓解早泄

【材料】
黄豆60克，黑芝麻30克，枸杞10克

【做法】
①黄豆、枸杞泡软，捞出洗净；黑芝麻洗净，碾碎。
②将黄豆、黑芝麻放入豆浆机中，加水搅打成豆浆，煮沸后滤出豆浆，撒上枸杞即可。

养生功效

枸杞含有氨基酸、枸杞多糖、多种维生素和矿物质。黑芝麻和黄豆含有蛋白质、卵磷脂。此豆浆可补肾益精、缓解早泄、养肝明目。

玉米葡萄豆浆

补益气血、缓解早泄

【材料】

玉米粒30克，葡萄20克，黄豆60克，白糖少许

【做法】

① 玉米粒洗净；葡萄洗净，去皮去核；黄豆泡软，捞出洗净。

② 将玉米粒、葡萄、黄豆放入豆浆机中，加水搅打成豆浆，煮沸后滤出豆浆，加白糖搅匀即可。

养生功效

玉米含有丰富的碳水化合物、蛋白质、脂肪、膳食纤维、钙、磷、铁、钾。葡萄富含糖类和多种有机酸。这款豆浆有补益气血、缓解早泄、解除疲劳的作用。

特别提示

糖尿病患者最好不要饮用此豆浆。

冰糖白果豆浆

改善早泄、养肾

【材料】

黄豆70克,白果15克,冰糖适量

【做法】

①黄豆泡软,洗净;白果去外壳,洗净后用温水浸泡1小时。

②将黄豆、白果放入豆浆机中,加水搅打成豆浆,煮沸后滤出豆浆,加入冰糖搅拌至溶化即可饮用。

养生功效

白果含有粗蛋白、粗脂肪、还原糖、矿物质、膳食纤维及多种维生素。黄豆含有异黄酮、蛋白质。此豆浆有改善早泄、养肾、防治哮喘的功效。

特别提示:有实邪者不宜饮用此款豆浆。

提高精子质量豆浆

杏仁豆浆

提高人体免疫力和精子数量

【材料】
黄豆100克，杏仁10克，白糖适量

【做法】
① 黄豆泡软，捞出洗净；杏仁略泡，洗净。
② 将黄豆、杏仁放入豆浆机中，加水搅打成豆浆，煮沸后滤出豆浆，加入白糖拌匀即可。

养生功效

杏仁含有蛋白质、脂肪、糖类、胡萝卜素、B族维生素、维生素C、维生素P及钙、磷、铁等营养物质，可有效提高人体免疫力和精子数量，还可润肤美白。

特别提示

杏仁分甜、苦两种，这里要用甜杏仁。

山药板栗豆浆

提高精子质量、补肾

【材料】
黄豆、板栗仁各40克，山药25克

【做法】
①黄豆泡软，捞出洗净；板栗仁洗净；山药洗净，去皮，切片。
②将所有原材料放入豆浆机中，加水搅打成豆浆，煮沸后滤出豆浆，装杯即可。

养生功效

山药富含胡萝卜素、维生素B_1、维生素B_2、维生素C、淀粉酶。板栗富含蛋白质、不饱和脂肪酸。这款豆浆有固肾、益精、补脾健胃的作用。

特别提示

大便燥结者不宜饮用。

胡萝卜黑豆豆浆

滋补肾阴、益精

【材料】

胡萝卜15克，黑豆50克

【做法】

①黑豆泡软，捞出洗净；胡萝卜洗净，切丁。
②将黑豆、胡萝卜放入豆浆机中，加水搅打成豆浆，煮沸后滤出豆浆即可。

养生功效

胡萝卜含有B族维生素、钙、铁、磷等成分，黑豆含有蛋白质、膳食纤维、维生素A和多种矿物质。此豆浆有滋补肾阴、益精、防癌、明目等作用。

特别提示

胡萝卜可先焯水再倒入豆浆机。

杏仁大米豆浆

降低胆固醇、健体益精

【材料】

杏仁15克，大米、黄豆各30克，白糖适量

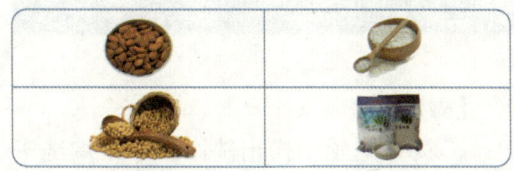

【做法】

①黄豆泡软，捞出洗净；大米淘洗干净；杏仁略泡，洗净。

②将上述材料放入豆浆机中，加水搅打成豆浆，煮沸后滤出豆浆，加入适量白糖调匀即可。

养生功效

杏仁含有丰富的黄酮类和多酚类成分。大米含有优质的蛋白质、碳水化合物、膳食纤维、维生素等成分。这款豆浆有降低胆固醇、健体益精、养颜美容之功效。

特别提示

幼儿、糖尿病患者不宜饮用。

缓解尿频豆浆

腰果小米豆浆
缓解尿频、增强体质

【材料】
黄豆、小米各35克，腰果20克，白糖适量

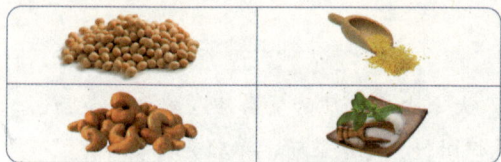

【做法】
①黄豆泡软，捞出洗净；小米淘洗干净；腰果略泡，洗净。
②将黄豆、小米、腰果放入豆浆机中，加水搅打成豆浆，煮沸后滤出豆浆，加入白糖拌匀即可。

养生功效

腰果富含蛋白质、多种维生素、钙、锌、铁等成分。小米含有较多的氨基酸、B族维生素、膳食纤维。这款豆浆有改善前列腺炎、缓解尿频、增强体质的效果。

特别提示
胆功能严重不良者不宜饮用。

苹果豆浆

降低胆固醇、防治尿频

【材料】
苹果1个，黄豆60克，白糖5克

【做法】
① 黄豆泡软，捞出洗净；苹果洗净，去皮去核，切碎丁。
② 将上述材料放入豆浆机中，加水搅打成豆浆，煮沸后滤出豆浆，趁热加入白糖拌匀即可。

养生功效

苹果含维生素、矿物质、果胶、抗氧化剂等成分。此豆浆可降低胆固醇、防治尿频。

特别提示

冠心病、肾病患者慎饮此豆浆。

甘润莲香豆浆

生津润肺、缓解尿频

【材料】
黄豆50克，莲子20克，冰糖适量

【做法】
①黄豆泡软，捞出洗净；莲子泡软，去心洗净。
②将上述材料放入豆浆机中，加水搅打成豆浆，煮沸后滤出豆浆，趁热加入冰糖调匀即可。

养生功效

莲子含有维生素C、膳食纤维、烟酸等。冰糖含有少量的维生素A、维生素E等。常喝这款豆浆可起到生津润肺、缓解尿频、增强免疫力的作用。

1

2

3

特别提示

便秘和脘腹胀闷者忌饮此豆浆。

荞麦枸杞豆浆

改善尿频、保护视力

【材料】
黄豆50克,荞麦30克,枸杞10克

【做法】
①黄豆、枸杞泡软,捞出洗净;荞麦淘洗干净。
②将黄豆、荞麦放入豆浆机中,加水搅打成豆浆,煮沸后滤出豆浆,撒上枸杞点缀即可。

养生功效

荞麦含蛋白质、维生素、膳食纤维、镁、钾、锌、铜、硒等。枸杞富含氨基酸、枸杞多糖。这款豆浆有改善尿频、保护视力的作用。

香草黑豆豆浆

缓解尿频、养胃护胃

【材料】
黑豆70克,大米20克,迷迭香、薰衣草各5克

【做法】
①黑豆泡软,捞出洗净;大米洗净,浸泡;迷迭香、薰衣草洗净。
②将所有原材料放入豆浆机中,加水搅打成豆浆,煮沸后滤出豆浆即可。

养生功效

大米含蛋白质、碳水化合物。黑豆富含维生素。经常饮用此款豆浆可起到缓解尿频、养胃护胃、润泽肌肤、补脾、清肺的功效。

缓解痔疮豆浆

土豆豆浆

缓解痔疮、强身健体

【材料】

土豆50克，黄豆100克

【做法】

①土豆洗净，去皮，切成小碎丁；黄豆泡软，捞出洗净。
②将土豆和黄豆放入豆浆机中，加水搅打成豆浆，煮沸后滤出豆浆即可。

养生功效

土豆含丰富的赖氨酸、色氨酸、维生素C、膳食纤维等营养成分。黄豆含有可溶性纤维、胆碱。这款豆浆有缓解痔疮、强身健体、美容的功效。

特别提示

肠胃不佳者不宜饮用。

猕猴桃橙子豆浆

降血脂、缓解痔疮

【材料】

猕猴桃、橙子、黄豆各30克

【做法】

①橙子剥皮，掰成瓣；猕猴桃去皮，洗净，切块；黄豆泡软，捞出洗净。

②将橙子、猕猴桃、黄豆放入豆浆机中，加水搅打成豆浆，煮沸后滤出豆浆，装杯即可。

> **养生功效**
>
> 橙子含碳水化合物、维生素C、胡萝卜素、矿物质、维生素B_1、维生素B_2、烟酸等。此豆浆可降低血脂、调节心理压力、缓解痔疮。

1

2

3

特别提示

脾胃虚寒者不宜饮用。

白萝卜冬瓜豆浆

缓解痔疮、助消化

【材料】
白萝卜、冬瓜各15克，黄豆100克，盐1克

【做法】
①白萝卜、冬瓜洗净，均去皮切丁；黄豆泡软，捞出洗净。
②将上述材料放入豆浆机中，加水搅打成豆浆，煮沸后滤出豆浆，加盐拌匀即可。

养生功效

冬瓜不含脂肪，含有较多的膳食纤维、钙、磷、铁、胡萝卜素等成分。白萝卜含有蛋白质、糖类、维生素。这款豆浆有缓解痔疮、补水养颜、助消化的作用。

特别提示

腹泻者不宜饮用此豆浆。

香桃豆浆

缓解痔疮、生津润肠

【材料】
黄豆50克，桃子40克，白糖少许

【做法】
①黄豆泡软，捞出洗净；桃子洗净，去皮去核，切丁备用。
②将上述材料放入豆浆机中，加水搅打成豆浆，煮沸后滤出豆浆，趁热加入白糖拌匀即可。

养生功效

桃子含有蛋白质、膳食纤维、钙、磷、铁、胡萝卜素及维生素。这款豆浆有缓解痔疮、生津润肠的作用。

特别提示

婴儿、糖尿病患者不宜饮用此豆浆。

解酒护肝豆浆

燕麦豆浆

解酒、保肝护肝

【材料】
黄豆50克，燕麦40克

【做法】
①黄豆泡软，捞出洗净；燕麦淘洗干净。
②将黄豆、燕麦放入豆浆机中，加水搅打成豆浆，煮沸后滤出豆浆即可。

养生功效

燕麦含有碳水化合物、蛋白质、脂肪、叶酸、膳食纤维、维生素E及多种矿物质。黄豆含有半胱氨酸。这款豆浆有解酒、保肝护肝、降低胆固醇的作用。

特别提示：虚寒症患者不宜饮用。

香橙豆浆

解酒护肝、养胃

特别提示
糖尿病患者不宜饮用此款豆浆。

【材料】
橙子1个，黄豆50克，白糖10克

【做法】
①橙子去皮去籽，切碎；黄豆泡软，捞出洗净。
②将上述材料放入豆浆机中，加水搅打成豆浆，煮沸后滤出豆浆，趁热加入白糖拌匀即可。

养生功效
橙子含有维生素、柠檬酸、果胶等成分。黄豆含有大豆皂醇等成分，可改善肤质、解酒护肝、养胃。

山楂银耳豆浆

促进食欲、提高肝脏解毒能力

【材料】
黄豆60克，山楂1个，银耳20克

【做法】
①黄豆泡软，捞出洗净；山楂洗净，去核切粒；银耳泡发洗净。
②将所有原材料放入豆浆机中，加水搅打成豆浆，煮沸后滤出豆浆即可。

养生功效

山楂含有丰富的有机酸、维生素C。银耳含有较多的维生素D、蛋白质、胡萝卜素等成分。这款豆浆可增进食欲、提高肝脏解毒能力。

南瓜豆浆

利尿、解酒护肝

【材料】
黄豆、南瓜各50克

【做法】
①黄豆泡软，捞出洗净；南瓜洗净，去皮去瓤，切丁。
②将所有原材料放入豆浆机中，加水搅打成豆浆，煮沸后滤出豆浆，装杯即可。

养生功效

南瓜含有蛋白质、胡萝卜素、维生素、钙、磷等成分。经常饮用此豆浆可起到利尿、解酒护肝、润肺益气的功效。

松花蛋黑米豆浆

养肾护肾、解酒护肝

【材料】

黄豆30克，松花蛋1个，黑米40克，盐、鸡精各适量

【做法】

① 黄豆泡软，捞出洗净；黑米略泡，洗净；松花蛋去壳，切小块。

② 将上述材料放入豆浆机中，加水搅打成豆浆，煮沸后滤出豆浆，加适量盐、鸡精调味即可。

养生功效

松花蛋含有蛋白质、磷脂、钙、铁等成分。黑米含有丰富的磷、钾、镁、锌等成分。这是一款可以改善食欲、养肾护肾、解酒护肝的养生豆浆。

特别提示：脾阳不足、寒湿下痢者不宜饮用。

抗疲劳豆浆

玉米红豆豆浆

抗疲劳、增强免疫力

【材料】
黄豆40克，红豆20克，玉米粒30克

【做法】
①黄豆、红豆泡软，捞出洗净；玉米粒洗净。
②将黄豆、红豆、玉米粒倒入豆浆机中，加水搅打成豆浆，煮沸后滤出豆浆，装杯即可。

养生功效

玉米富含碳水化合物、蛋白质、脂肪、胡萝卜素、维生素B_2等成分。红豆富含维生素B_1、维生素B_2及矿物质。这类豆浆有抗疲劳、增强免疫力、消肿的功效。

特别提示

低碘者不宜饮用。

芋头豆浆

益胃、抗疲劳

【材料】
芋头2个，黄豆100克

【做法】
①黄豆泡软，捞出洗净；芋头去皮，洗净切碎丁备用。
②将芋头、黄豆放入豆浆机中，加水搅打成豆浆，煮沸后滤出豆浆即可。

养生功效

芋头富含蛋白质、钙、磷、铁、钾、镁、钠、胡萝卜素、维生素C、B族维生素、皂角苷等多种成分。这款豆浆有宽肠、益胃、抗疲劳、止痛的功效。

金橘红豆豆浆

增强免疫力、抗疲劳

【材料】
红豆50克，金橘1个，冰糖10克

【做法】
①红豆泡软，捞出洗净；金橘去皮、去籽撕碎。
②将红豆、金橘放入豆浆机中，加水搅打成豆浆，煮沸后滤出豆浆，加入冰糖拌匀即可。

养生功效

金橘含有丰富的维生素C、金橘苷等成分，可防止血管硬化，增强免疫力，抗疲劳。

百合绿红豆浆

养气提神、抗疲劳

【材料】
红豆、绿豆各30克,百合10克

【做法】
①红豆、绿豆泡软,捞出洗净;百合洗净,撕成小块。
②将所有原材料装入豆浆机,加水搅打成豆浆,煮沸后滤出豆浆,装杯即可。

养生功效

百合含有多种生物碱。绿豆含有维生素A、维生素E。这款豆浆具有滋阴补肺、养气提神、抗疲劳的功效。

1

2

3

特别提示:风寒咳嗽者不宜饮用。

雪梨大米黑豆豆浆

补气提神、抗疲劳

特别提示：大米最好用水泡2小时。

【材料】
黑豆60克，雪梨1个，大米30克

【做法】
①黑豆泡软，捞出洗净；大米淘洗净泡软；雪梨洗净，去皮去核切小丁。
②将所有原材料放入豆浆机中，加水搅打成豆浆，煮沸后滤出豆浆即可。

养生功效

雪梨含有蛋白质、糖类、膳食纤维、钙、磷、铁及多种维生素。黑豆含有膳食纤维和微量元素。这款豆浆具有养胃润肺、补气提神、抗疲劳、延缓衰老的功效。

桂圆莲子豆浆

缓解疲劳、增强免疫力

【材料】
桂圆20克，莲子15克，黄豆40克，白糖各适量

【做法】
①桂圆去壳去核，洗净；莲子去心洗净，加水泡软；黄豆泡软，捞出洗净。
②将上述材料放入豆浆机中，加水搅打成豆浆，煮沸后滤出豆浆，加白糖拌匀即可。

养生功效
莲子含有蛋白质、维生素、矿物质等营养物质，能养心安神，缓解疲劳，增强免疫力。

桂圆红枣黑豆豆浆

增强肌力、消除疲劳

【材料】
桂圆、红枣各20克，黑豆40克，白糖少许

【做法】
①红枣泡发后洗净，去核；桂圆去壳去核；黑豆泡软，捞出洗净。
②将红枣、桂圆、黑豆放入豆浆机中，加水搅打成豆浆，煮沸后滤出豆浆，倒入白糖搅拌均匀即可。

养生功效
红枣富含蛋白质、胡萝卜素、维生素、矿物质、环磷酸腺苷等成分。此款豆浆能增强肌力、消除疲劳。

Part 5

特殊人群养生豆浆

　　豆浆虽然营养丰富，但并不是喝得越多越好，更不能毫无讲究、随意饮用。研究证实，一些特殊人群，如孕妇、产妇、老年人等，由于自身体质的不同，在饮食结构上必然会出现微妙甚至截然不同的变化。对于孕妇、产妇来说，豆浆开胃消食、增强免疫力、补充营养、保胎安胎、补充乳汁的效果较其他食物显著；对于老年人来说，豆浆不仅是优质钙源，还是预防记忆衰退的一剂"良方"。针对自身情况来选择相应的豆浆，可达到强身的效果。本章谨遵中医养生理论，认真总结和编写了这类养生豆浆，以便各位读者赏阅和学习。

孕妇宜喝豆浆

香蕉豆浆

助消化、缓解忧郁、增强免疫力

【材料】

黄豆50克，香蕉1根，白糖适量

【做法】

①黄豆泡软，捞出洗净；香蕉去皮，切成小块。
②将黄豆、香蕉放入豆浆机中，加水搅打成豆浆，煮沸后滤出豆浆，加入白糖拌匀。

养生功效

香蕉含有蛋白质、脂肪、碳水化合物、膳食纤维、钾、镁、磷、维生素等营养成分。这款豆浆有润肠通便、助消化、增强免疫力、清热解毒、缓解忧郁的功效。

特别提示

肾功能不全者应少食或不食香蕉。

小米豌豆豆浆

促进胎儿神经发育、润肠胃

【材料】
黄豆50克，小米30克，豌豆15克，冰糖10克

【做法】
①黄豆泡软，捞出洗净；小米淘洗干净，清水浸泡2小时；豌豆洗净。
②将上述材料放入豆浆机中，加水搅打成豆浆，煮沸后滤出豆浆，加入冰糖，搅匀后即可饮用。

养生功效

小米含有蛋白质、脂肪。豌豆含有维生素B_1、烟酸、膳食纤维。这款豆浆可养胃护胃、润肠通便。

糯米香豆浆

补钙、改善食欲

【材料】
黄豆50克，糯米30克

【做法】
①黄豆泡软，捞出洗净；糯米淘洗干净，用清水浸泡2小时。
②将黄豆、糯米放入豆浆机中，加水搅打成豆浆，煮沸后滤出豆浆即可。

养生功效

糯米含有蛋白质、糖类、钙、铁、B族维生素。这款豆浆可补中益气、健脾养胃、改善食欲。

百合银耳黑豆豆浆

增强免疫力、除烦去燥

【材料】

黑豆50克，百合、银耳各5克

【做法】

①黑豆泡软，捞出洗净；百合洗净，分成小块；银耳泡发，去掉杂质，洗净撕成小朵。

②将所有原材料放入豆浆机中，加水搅打成豆浆，煮沸后滤出豆浆即可。

养生功效

百合含有蛋白质、脂肪、碳水化合物、膳食纤维、维生素、钙、磷、铁等营养成分。银耳含有维生素D、膳食纤维等成分。这款豆浆可增强免疫力、润肠通便、降血糖、除烦去燥，孕妇可以适量饮用。

特别提示

可以用泡发银耳的水来制作豆浆。

玉米银耳枸杞豆浆

缓解焦虑性失眠、保胎

> **特别提示**
> 鲜艳有光泽的黄豆为优质品。

【材料】
玉米粒、黄豆各30克,银耳10克,枸杞、冰糖各适量

【做法】
①黄豆泡软,捞出洗净;银耳泡发,去杂质,洗净撕小朵;玉米粒、枸杞分别洗净。
②将上述材料放入豆浆机中,加水搅打成豆浆,煮沸后滤出豆浆,加冰糖拌匀即可。

> **养生功效**
> 玉米含有碳水化合物、蛋白质、脂肪和多种维生素、矿物质。这款豆浆可滋肝润肺、改善失眠、保胎。

产妇宜喝豆浆

红枣红豆豆浆
促进产后乳汁分泌、益气补血

【材料】
黄豆30克，红豆、红枣各20克，冰糖适量

【做法】
①黄豆、红豆泡软，捞出洗净；红枣用温水洗净，去核，切成小块。
②将黄豆、红豆、红枣放入豆浆机中，加水搅打成豆浆，煮沸后滤出豆浆，加入冰糖拌匀即可。

养生功效

红枣含有蛋白质、膳食纤维、多种维生素、糖类、有机酸、黏液质、钙、磷、铁等成分。红豆富含微量元素和膳食纤维。这款豆浆有益气补血、通乳汁的作用。

特别提示

产妇若上火，则不宜饮此豆浆。

红薯山药豆浆

促进消化、益气养胃

【材料】
黄豆、红薯、山药、大米、小米、燕麦片各适量

【做法】
①黄豆、大米、小米泡软,捞出洗净;红薯、山药分别洗净,去皮,切丁。
②将所有原材料放入豆浆机中,加水搅打成豆浆,煮沸后滤出豆浆,装杯即可。

养生功效

红薯含有膳食纤维、钾、铁。山药富含维生素。这款豆浆可促进消化、防治便秘、益气养胃。

糯米豆浆

养心安神、健脾益胃、促进食欲

【材料】
黄豆40克,糯米30克,白糖适量

【做法】
①黄豆泡软,捞出洗净;糯米淘洗干净,浸泡2小时。
②将黄豆、糯米放入豆浆机中,加水搅打成豆浆,煮沸后滤出豆浆,加入白糖拌匀即可。

养生功效

糯米含有淀粉、蛋白质、脂肪、钙、磷、铁、B族维生素等营养成分。这款豆浆有健脾养胃、止虚汗、改善食欲、养心的作用。

枸杞豆浆

安神养血、润肠通便、补脾益气

【材料】
黄豆70克,枸杞15克

【做法】
①黄豆泡软,捞出洗净;枸杞泡发洗净。
②将黄豆、枸杞放入豆浆机中,加水搅打成豆浆,煮沸后滤出豆浆,装杯即可。

养生功效

枸杞含有蛋白质、膳食纤维、维生素A、维生素C、钾、铁。黄豆富含氨基酸。这款豆浆可补脾益气、补血养颜、润肠通便。

燕麦苹果豆浆

增强免疫力、预防贫血、补钙

【材料】
黄豆40克,苹果1个,燕麦片、白糖各适量

【做法】
①黄豆泡软,捞出洗净;苹果取果肉,切成小块。
②将黄豆、苹果放入豆浆机中,加水搅打成豆浆,煮沸后滤出豆浆,加入燕麦片、白糖搅匀即可。

养生功效

苹果富含维生素、锌等。燕麦含有蛋白质、钙、铁等。这款豆浆可增强体质、预防贫血、补钙。

红薯豆浆

益气通乳、增进食欲

【材料】

红薯40克,黄豆30克,冰糖适量

【做法】

①黄豆泡软,捞出洗净;红薯洗净去皮,切成小块。

②将黄豆、红薯放入豆浆机中,加水搅打成豆浆,煮沸后滤出豆浆,加入冰糖拌匀即可。

养生功效

红薯含有蛋白质、淀粉、果胶。黄豆含有蛋白质、大豆卵磷脂、大豆皂醇。这款豆浆可益气通乳、增进食欲。

特别提示

过量食用红薯会出现腹胀的症状。

薏米豆浆

消肿祛湿、消除色斑、增强体质

【材料】

黄豆70克，薏米20克，冰糖适量

【做法】

①黄豆泡软，捞出洗净；薏米洗净，泡软。
②将薏米、黄豆放入豆浆机中，加水搅打成豆浆，煮沸后滤出豆浆，加入冰糖拌匀即可。

养生功效

薏米含有薏仁脂、淀粉、蛋白质、维生素等成分。这款豆浆有消除色斑、补钙、利尿消肿、改善虚弱的作用，产妇可以根据自身情况适量饮用。

特别提示：便秘、尿多者忌饮此款豆浆。

玉米桂圆豆浆

补益心脾、养血安神、改善胃肠蠕动

【材料】
玉米粒30克,桂圆20克,黄豆50克,牛奶60毫升,白糖适量

【做法】
①玉米粒洗净,沥干;桂圆去壳去核;黄豆泡软,捞出洗净。
②将玉米、桂圆、黄豆放入豆浆机,加水搅打成豆浆,煮沸后滤出豆浆,加入白糖,调入适量温牛奶即可。

养生功效
玉米含维生素B_6、烟酸。桂圆含有维生素、矿物质、蛋白质。这款豆浆可安神、养血、促进食欲。

苹果牛奶豆浆

开胃健食、养心益气

【材料】
苹果1个,黄豆45克,牛奶、白糖各适量

【做法】
①苹果洗净,去核后切小块;黄豆泡软,捞出洗净。
②将上述材料放入豆浆机中,加水搅打成豆浆,煮沸后滤出豆浆,调入白糖和牛奶拌匀即可。

养生功效
苹果富含糖类、维生素、果胶。牛奶含有多种矿物质。这款豆浆可开胃健食、养心益气。

青少年宜喝豆浆

滋养杞米豆浆

增高助长、健脑益智

【材料】

黄豆50克，小米30克，枸杞10克

【做法】

①黄豆泡软，捞出洗净；小米加水浸泡3小时，捞出洗净；枸杞用温水洗净。

②将黄豆、小米、枸杞放入豆浆机中，加水搅打成豆浆，煮沸后滤出豆浆，装杯即可。

养生功效

黄豆、枸杞、小米有滋补作用，其中黄豆富含蛋白质和多种矿物质，枸杞含有较多的维生素，小米含有碳水化合物等成分。这款豆浆有助于增高助长、健脑益智。

特别提示

可加入少许粳米，增加营养价值。

解腻马蹄黑豆豆浆

增进食欲、健脑益智

特别提示
消化功能低下者宜少食黑豆。

【材料】
马蹄100克,黑豆60克,冰糖10克

【做法】
①黑豆泡软,捞出洗净;马蹄洗净,去皮,切成丁。
②将马蹄、黑豆放入豆浆机中,加水搅打成豆浆,煮沸后滤出豆浆,加入冰糖拌匀即可。

养生功效

黑豆含维生素E、锌、镁、硒。马蹄含蛋白质、糖类、钙、铁。这款豆浆可生津润肠、促进食欲、健脑。

香蕉桃子豆浆

强身、增强记忆力

【材料】

香蕉半根，桃子1个，黄豆45克，牛奶50毫升，白糖适量

【做法】

①香蕉去皮，切小块；桃子洗净，去皮去核，切小块；黄豆泡软，捞出洗净。
②将上述材料放入豆浆机中，加水搅打成豆浆，煮沸后滤出豆浆，加入牛奶和白糖拌匀即可。

养生功效

桃子富含多种维生素、铁质和胶质物。牛奶富含优质蛋白。这款豆浆可强身、增强记忆力。

玉米核桃红豆豆浆

补益气血、增强免疫力

【材料】

玉米粒20克，核桃仁20克，红豆20克，鲜牛奶40毫升，白糖适量

【做法】

①红豆泡软，捞出洗净；玉米粒洗净；核桃仁洗净。
②将玉米粒、核桃仁、红豆放入豆浆机中，加水搅打成豆浆，加入牛奶煮沸，加入适量白糖即可。

养生功效

核桃仁含有亚麻油酸及钙、磷、铁。红豆富含氨基酸、B族维生素。这款豆浆可补益气血、强身。

胡萝卜豆浆

增强免疫力、健脾消食、补肝明目

【材料】

黄豆50克,胡萝卜30克

【做法】

① 黄豆泡软,捞出洗净;胡萝卜洗净切碎。
② 将黄豆、胡萝卜放入豆浆机中,加水搅打成豆浆,煮沸后滤出豆浆即可。

养生功效

胡萝卜含有蛋白质、脂肪、碳水化合物、胡萝卜素、B族维生素、维生素C等营养成分。这款豆浆有清肝明目、健脾消食的作用,适宜青少年饮用。

特别提示

可根据个人喜好添加白糖或牛奶。

南瓜二豆浆

增强体质、促进消化与发育

【材料】

绿豆、红豆各30克，南瓜20克，白糖适量

【做法】

①绿豆、红豆泡软，捞出洗净；南瓜洗净去皮，切成小块。

②将上述材料放入豆浆机中，加水搅打成豆浆，煮沸后滤出豆浆，加入白糖，装杯即可。

养生功效

南瓜含有多种矿物质以及人体必需的8种氨基酸。红豆含有维生素E、膳食纤维等成分。这款豆浆有改善营养不良、促进发育、增强免疫力的作用。

特别提示

南瓜不宜与羊肉一同食用。

核桃雪梨绿豆豆浆

提神健脑、养心润肺

【材料】
核桃仁20克，雪梨1个，绿豆50克，牛奶、白糖各适量

【做法】
①核桃仁洗净；雪梨洗净，去皮、去核后切小块；绿豆泡软，捞出洗净。
②将核桃仁、雪梨、绿豆放入豆浆机中，加水搅打成豆浆，煮沸后滤出豆浆，加入适量牛奶和白糖调匀即可。

> **养生功效**
>
> 核桃仁富含蛋白质、脂肪、钙、锌等，雪梨富含维生素。这款豆浆可提神健脑、养心润肺。

香蕉百合豆浆

消除疲劳、抗抑郁、强身健体

【材料】
香蕉1根，百合20克，黄豆50克，牛奶、白糖各适量

【做法】
①香蕉去皮，切小块；百合洗净，撕成小块；黄豆泡软，捞出洗净。
②将香蕉、百合、黄豆放入豆浆机中，加水搅打成豆浆，煮沸后滤出豆浆，将牛奶、白糖调入豆浆中即可。

> **养生功效**
>
> 香蕉含多种维生素、钾。黄豆含赖氨酸、钙、磷、铁。这款豆浆可消除疲劳、强身健体。

燕麦芝麻豆浆

增强免疫力、提高记忆力、益肝养发

【材料】
黄豆35克,黑芝麻10克,燕麦30克,冰糖适量

【做法】
①黄豆泡软,捞出洗净;燕麦淘洗干净,用清水浸泡2小时;黑芝麻擀碎。
②将上述材料放入豆浆机,加水搅打成豆浆,煮沸后滤出豆浆,加冰糖拌匀。

养生功效

燕麦含有蛋白质、脂肪、膳食纤维、叶酸、维生素E、钙、锌等成分。芝麻和黄豆富含蛋白质、矿物质。这款豆浆有助于强身健体、提高记忆力、益肝养发。

特别提示:腹泻期间不宜多饮。

核桃燕麦豆浆

提高智力、预防贫血

【材料】

黄豆40克,核桃仁、燕麦各10克,冰糖适量

【做法】

①黄豆泡软,捞出洗净;核桃仁碾碎;燕麦淘洗干净,用清水浸泡2小时。

②将黄豆、核桃仁、燕麦放入豆浆机中,加水搅打成豆浆,煮沸后滤出豆浆,加入冰糖拌匀即可。

特别提示

燕麦不宜一次吃太多,否则易胀气。

养生功效

核桃含有蛋白质、维生素、钙、铁、锌。燕麦含有烟酸、叶酸,这款豆浆可提高智力、预防贫血。

老年人宜喝豆浆

红枣二豆浆

降血压、降胆固醇

【材料】

红豆、绿豆各40克，红枣2颗

【做法】

①红豆、绿豆泡软，捞出洗净；红枣洗净，去核。
②将所有原材料放入豆浆机中，加水搅打成豆浆，煮沸后滤出豆浆，即可饮用。

养生功效

红枣含有蛋白质、脂肪、糖类、胡萝卜素、多种维生素、磷、钙、铁等成分。红豆和绿豆富含膳食纤维、烟酸。这款豆浆有助于降血压、降胆固醇、改善肠胃病。

特别提示

服药时吃绿豆，会降低药效。

黄芪大米豆浆

益气养胃、健脾补虚、聪耳明目

【材料】
黄豆50克,大米30克,黄芪15克

【做法】
①黄豆泡软,捞出洗净;大米淘洗干净;黄芪洗净浮尘。
②将所有原材料放入豆浆机中,加水搅打成豆浆,煮沸后滤出豆浆即可。

养生功效

黄芪含有氨基酸、胆碱、苦味素、甜菜碱、黏液质、叶酸、矿物质。大米含蛋白质、膳食纤维。这款豆浆有助于补脾和胃、聪耳明目。

巧克力豆浆

提神健脑、防治骨质疏松、缓解压力

【材料】
黄豆65克,巧克力粉20克

【做法】
①黄豆泡软,捞出洗净。
②将黄豆放入豆浆机中,加入巧克力粉,加水搅打成豆浆,煮沸后滤出豆浆即可。

养生功效

巧克力含有蛋白质、碳水化合物、脂肪、钙、磷、铁、镁等营养成分。这款豆浆有助于降血压、健脑、缓解压力、防治骨质疏松,适合老年人饮用。

燕麦枸杞山药豆浆

降低胆固醇、改善便秘

【材料】

黄豆40克，山药20克，燕麦片、枸杞各适量

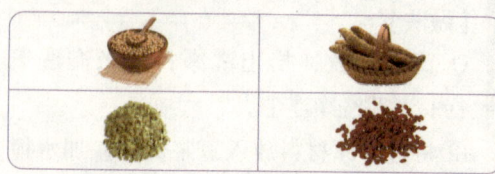

【做法】

①黄豆泡软，捞出洗净；山药去皮洗净，切丁；枸杞洗净，泡软。
②将所有原材料放入豆浆机中，加水搅打成豆浆，煮沸后滤出豆浆，装杯即可。

养生功效

燕麦含有蛋白质、脂肪、碳水化合物、维生素E、钙、磷、铁、锌等成分。枸杞富含多种氨基酸和维生素。这款豆浆有助于降低胆固醇、改善便秘、促进食欲。

特别提示：前列腺癌患者宜少食或不食山药。

大米二豆浆

防止动脉硬化、健脾益胃、明目

【材料】
大米75克，豌豆10克，绿豆15克，冰糖适量

【做法】
①绿豆、豌豆泡软，捞出洗净；大米淘洗干净。
②将上述材料放入豆浆机中，加水搅打成豆浆，煮沸后滤出豆浆，加入冰糖拌匀即可。

> **特别提示**
> 大米和豆类的比例为3:1时最佳。

> **养生功效**
> 大米含有蛋白质、膳食纤维、碳水化合物及多种矿物质。豌豆富含赖氨酸和B族维生素。这款豆浆有助于补中益气、健脾养胃、和五脏、聪耳明目、止烦、止泻、防治动脉硬化。

养生干果豆浆

润肠通便、改善高血压、养胃

【材料】

黄豆40克，腰果25克，莲子、板栗、薏米、冰糖各适量

【做法】

①黄豆、薏米泡软，捞出洗净；腰果洗净，板栗去皮洗净，莲子去心，均泡软。

②将上述材料放入豆浆机中，加水搅打成豆浆，煮沸后滤出豆浆，加入冰糖拌匀即可。

养生功效

腰果含有丰富的蛋白质、脂肪、碳水化合物、钙、铁、锌等成分；板栗富含膳食纤维以及多种维生素。这款豆浆有助于养胃、健脾、润肠通便、改善高血压。

特别提示

过敏体质的老人不宜食用腰果。

绿黑二豆浆

改善贫血、促进消化、补钙

【材料】
绿豆、黑豆各40克，糙米20克

【做法】
①绿豆、黑豆泡软，捞出洗净；糙米淘洗干净，泡软。
②将所有原材料放入豆浆机中，加水搅打成豆浆，煮沸后滤出豆浆，装杯即可。

养生功效

绿豆含膳食纤维、钙、铁、锌，黑豆含有B族维生素。此款豆浆有助于改善贫血、促进消化、强身。

红薯南瓜豆浆

防癌抗癌、宽中健脾、延缓衰老

【材料】
红薯15克，南瓜20克，黄豆40克，牛奶、白糖各适量

【做法】
①红薯、南瓜去皮，洗净，切丁；黄豆泡软，捞出洗净。
②将黄豆、红薯、南瓜放入豆浆机中，加水搅打成豆浆，煮沸后滤出豆浆，加入适量牛奶和白糖，拌匀即可。

养生功效

红薯富含碳水化合物、膳食纤维、胡萝卜素、维生素等成分。这款豆浆有助于防癌、健脾、延缓衰老。

更年期养生豆浆

豌豆豆浆

改善更年期症状、健脑、增强免疫力

【材料】
豌豆75克

【做法】
① 豌豆加水泡至脱皮，去皮洗净。
② 将豌豆放入豆浆机中，加水搅打成豆浆，煮沸后滤出豆浆即可。

养生功效

豌豆含有碳水化合物、蛋白质、胡萝卜素、维生素A、维生素C、烟酸以及多种矿物质。这款豆浆有助于改善更年期症状、预防癌症。

特别提示

豌豆略带清甜，可以不用加糖。

桂圆糯米豆浆

改善烦躁、益气补血、缓解更年期症状

【材料】
黄豆50克,桂圆肉、糯米各15克

【做法】
①黄豆泡软,捞出洗净;糯米淘洗干净,用清水浸泡2小时;桂圆肉洗净。
②将所有材料放入豆浆机中,加水搅打成豆浆,煮沸后滤出豆浆,装杯即可。

养生功效

桂圆含有多种维生素、铁质,糯米含有蛋白质、脂肪、糖类。这款豆浆有助于安神除烦、益气补血。

特别提示

湿热、痰火偏盛者不宜饮此豆浆。

莲藕豆浆

清热安神、舒缓情绪、止呕

【材料】

黄豆50克,莲藕30克

【做法】

① 黄豆泡软,捞出洗净;莲藕洗净去皮,切小丁。

② 将黄豆、藕丁放入豆浆机中,加水搅打成豆浆,煮沸后滤出豆浆,倒入杯中即可。

【养生功效】

莲藕含有淀粉、蛋白质、糖类、门冬酰胺、维生素C及氧化酶等营养成分。经常饮用这款豆浆,有助于清热除烦、解渴止呕、改善更年期症状。

特别提示：莲藕放在醋水中浸泡可防变色。

燕麦红枣豆浆

缓解更年期症状

【材料】
黄豆40克，红枣20克，燕麦片10克

【做法】
①黄豆泡软，捞出洗净；红枣用温水洗净，去核切丁。
②将所有原材料放入豆浆机中，加水搅打成豆浆，煮沸后滤出豆浆即可。

养生功效

燕麦含有人体必需的8种氨基酸、叶酸、膳食纤维、维生素E等营养成分。红枣富含维生素C、糖类。这款豆浆有助于改善失眠盗汗、去除烦躁、促进血液循环。

板栗燕麦豆浆

预防胸闷、改善更年期症状

【材料】
黄豆35克，板栗20克，燕麦片15克，白糖适量

【做法】
①黄豆泡软，捞出洗净；板栗洗净去壳，切丁。
②将黄豆、板栗放入豆浆机中，加水搅打成豆浆，煮沸后滤出豆浆，加入燕麦片、白糖拌匀即可。

养生功效

板栗含有蛋白质、胡萝卜素、维生素、钙、锌等。这款豆浆可缓解更年期症状、预防胸闷。

营养燕麦紫薯豆浆

调节更年期症状、安神除烦

【材料】
黄豆、燕麦各30克,紫薯适量

【做法】
①黄豆泡软,捞出洗净;燕麦淘洗干净;紫薯洗净,蒸熟,去皮切小块。
②将上述材料放入豆浆机中,加水搅打成豆浆,煮沸后滤出豆浆即可饮用。

养生功效

紫薯含有丰富的碳水化合物、蛋白质、脂肪、膳食纤维、磷、钙、铁等成分。燕麦含有较多的亚油酸和矿物质。这款豆浆有助于抗疲劳、改善抑郁、养心安神。

特别提示

燕麦吃太多会造成胃痉挛或胀气。